中国科学技术协会统计年鉴

STATISTICAL YEARBOOK

2010

中国科学技术协会 编

CHINA ASSOCIATION FOR SCIENCE AND TECHNOLOGY

（京）新登字041号

图书在版编目（CIP）数据

中国科学技术协会统计年鉴．2010/中国科学技术协会编．—北京：中国统计出版社，2010.8
ISBN 978-7-5037-5992-5

Ⅰ．①中… Ⅱ．①中… Ⅲ．①中国科学技术协会－统计资料－2010－年鉴 Ⅳ．①G322.25-54

中国版本图书馆CIP数据核字(2010)第142566号

中国科学技术协会统计年鉴—2010

作　　者／中国科学技术协会编
责任编辑／郭　栋
E - mail／yearbook@gj.stats.cn
装帧设计／李雪燕
出版发行／中国统计出版社
通信地址／北京市西城区月坛南街57号　邮政编码／100826
办公地址／北京市丰台区西三环南路甲6号
网　　址／www.stats.gov.cn/tjshujia
电　　话／邮购(010)63376907　书店（010）68783172
印　　刷／河北天普润印刷厂
经　　销／新华书店
开　　本／880×1230mm　1/16
字　　数／440千字
印　　张／14
版　　别／2010年7月第1版
版　　次／2010年7月第1次印刷
书　　号／ISBN 978-7-5037-5992-5/G·192
定　　价／65.00元

《中国科学技术协会统计年鉴—2010》编辑委员会

《中国科学技术协会统计年鉴-2010》编辑部

编印说明

一、《中国科学技术协会统计年鉴—2010》是一本反映各级科协及所属团体事业发展情况的资料性年刊。年鉴收录了2009年度中国科协（仅指中国科协机关和直属单位，下同）、32个省级科协、15个副省级城市科协、27个省会城市科协、382个地级科协、2709个县级科协和175个全国所属学会、17个委托管理全国学会、3460个省级学会的机构设置、经费收支和主要业务活动等方面的统计数据。

二、全书内容分为10个部分，即：1.综合；2.组织、机构与人员；3.经费筹集与使用；4.学术交流；5.科学技术普及；6.科普基础设施建设；7.国际及对港、澳、台地区民间科技交流；8.科技活动和社会服务；9.科普资源建设及科技传媒；10.中国科协2009年度事业发展统计公报。各部分前编有《简要说明》，对本篇章的主要内容、资料来源、统计方法及指标变动情况作简要说明，另附有《主要指标解释》。

三、本年鉴各项统计数据均未包括香港、澳门特别行政区和台湾省数据。

四、年鉴中以“学会”统称各类学会、协会、研究会。

五、年鉴第二部分至第九部分中地级科协的数据均不含副省级城市科协和省会城市科协数据。

六、年鉴表中的符号“—”表示该项统计指标数据不详或无该项数据；“#”表示其中的主要项；“*”表示表下另有注释；“▽”表示对上年数据进行修正。

七、年鉴资料来源于中国科协综合统计调查年度报表（批准机关：国家统计局；批准文号：国统制[2008]82号）。统计年报方式为分级填报，所有数据均来自基层报表单位，逐级汇总。综合统计调查年度报表工作由中国科协计划财务部统一组织。统计报表数据汇总委托湖北省科协信息中心完成，全国学会数据汇总委托中国科协信息中心完成。

为提高数据质量，我们组织对统计数据进行了审核。由于数据量大，难免有疏漏之处，欢迎指正。

目录

一、综　合

简要说明

本部分的指标是从各部分提取或经过简单汇总后获得的指标，旨在总体反映科协系统的组织、经费和主要业务活动的概况。

主要指标解释

独立建制单位数 指全国独立建制的科协数，区别于合署办公的科协。

从业人员 包括在科协机关、学会办事机构及直属单位工作的在编和连续工作一年以上的非在编人员。其计算方法为：

从业人员＝各级科协机关从业人员＋各级科协直属单位从业人员＋学会从业人员

社会聘用人员 指由学会聘用的在本学会连续工作一年以上的人员。

农技协 指在民政部门登记、经科协正式审批接纳的农村专业技术协会（农技协）和在科协登记备案的各类农村专业技术研究会（农研会）。统计范围包括副省级城市科协、省会城市科协、地级科协、县级科协。

经费筹集总额 指单位从各种渠道筹集的用于人员、公用和开展业务活动的经费。

由于各级科协之间、各级学会之间、科协与学会之间存在拨款、资助和委托等关系，经费筹集额有部分重复。

举办学术交流活动 包括中国科协、省级科协、副省级城市科协、省会城市科协、全国学会、省级学会在境内（不含港、澳、台地区，下同）单独或牵头举办的国内学术会议、国际学术会议、双边学术会议和同港、澳、台地区学术会议；副省级城市科协、省会城市科协除外的地级科协和县级科协在境内单独或牵头举办的学术交流活动。

举办科普讲座/展览 指本单位单独或牵头组织的、面向公众开展的普及科学技术知识、传播科学思想、科学精神和科学方法的科普活动。全国科普日、科技周、科技下乡、科教进社区期间组织的科普展览按专题计数。

发放科普宣传资料 指本单位单独和牵头组织的，依托重点科普活动，向公众免费发送的普及科学技术知识、传播科学思想、科学精神和科学方法的科普图书、报刊、手册等。

开展科技咨询 指本单位在日常和重点科普活动期间（如全国科普日、科技周、科技下乡、科教进社区等）组织相关专业专家组成智力团体，以科学技术为依据，向社会和公众提供智力服务。

举办青少年科普讲座/展览 指本单位单独或牵头组织的、面向青少年开展的普及科学技术知识、传播科学思想、科学精神和科学方法的科普活动。全国科普日、科技周、科技下乡、科教进社区期间组织的科普展览按专题计数。

举办青少年科技竞赛 由本单位独立举办或牵头组织举办的旨在推动青少年科技活动的蓬勃开展，培养青少年的创新精神和实践能力，提高青少年的科技素质，鼓励优秀人才的涌现，推进科技普及发展的各类科技竞赛活动。

科普读物 指本单位独立或牵头为公众创作的科普图书、科普挂图、科普期刊等。

制作科普广播影视节目 指本单位年度内独立或牵头组织制作的科普广播节目、科普电影和科普电视节目的总数量。

开发、制作科普展览 指本单位年度内独立或牵头组织开发制作的科普展览，包括平面展览。

科普活动资源包 指年度内为科普活动组织者开展某项专题科普活动提供的信息和资源的集合体，包括活动策划背景、实施方案、设备或材料、活动配套服务等内容。

科普动漫作品 指本单位年度内，以“科普创意”为核心，以动画、漫画为表现形式，以网络为技术传播手段的动漫作品等。

科技馆（科普活动中心） 指截止本年12月31日，本单位拥有所有权或使用权的，具有科普、教育、培训、展示等功能的，向公众开放的综合性科普活动场所。不包括临时租用的科普活动中心。

科普教育基地（农村科普示范基地） 指截止本年12月31日本单位自建、联合有关部门或专业农户共建,具备向农民进行科学技术宣传、普及、服务等示范作用的各类农村科普场所。由命名单位填报统计数据。

科普画廊（宣传栏） 指截止本年12月31日，由本单位单独或联合有关单位共同命名的,建设在街道、社区、村寨、公园、道路边等地方，直接向公众宣传科学技术信息的具有展示功能的固定科普设施。建设在同一个地点、自然建筑形态为一个整体的科普画廊（宣传栏），按照一个计算。

科普员 指截止本年12月31日,本单位管理的在基层直接为公众提供科学技术咨询服务的，负责科普活动站（室）日常管理、科普画廊（宣传栏）更新维护的专兼职科普工作者及科普志愿者。

接待国外及港、澳、台地区团组 指本单位单独或牵头接待、来境内（不含港、澳、台地区）参加会议、展览或技贸、访问考察、夏冬令营、合作研究、培训等科技活动的国外及港、澳、台地区来访团组。

派往国外及港、澳、台地区团组 指本单位单独或牵头派往国外及港、澳、台地区参加会议、展览或技贸、访问考察、夏冬令营、合作研究、培训等科技活动的团组。一个出国任务批件（一个项目）统计为一个团组。

派出总人数 指所有本单位单独或牵头派往国外/港、澳地区/台湾省团组的派出人数（按出国任务批件批准的人数计算，包括外单位人员）。

开展“讲、比”活动企业数 指本年度内开展“讲理想、比贡献”活动的企业数量。统计本级地方科协直接联系的企业。

完成技术咨询合同 指报告期内已经完成结算的合同，尚未结算的合同不统计。

反映科技工作者建议 指科技工作者以书面形式正式向同级或上级党和政府及有关部门反映的有关社会、经济、科技、科技团体和个人权益保障等方面的意见和建议。

举办培训班 指本单位针对特定群体开展的为期一周以上并颁发结业证书的各类培训班。包括农函大培训。

主办科技期刊 指本单位主办的，具有固定刊名、刊期、年卷或年月顺序编号、印刷成册、以报道科学技术为主要内容的连续出版物。包括学术期刊、综合期刊、技术期刊和检索期刊。只统计在新闻出版机构注册登记，有正式刊号或内部准印证并由本单位直接主办、负责编辑的期刊，不包括各类内部刊物。此指标不包括科普期刊。

主办科技报纸 指本单位主办的面向社会的科技综合类、信息类、普及类和专业技术类报纸。只统计在新闻出版机构注册登记，有正式报刊登记证，由本单位直接主办、负责编辑的科技报纸。

科技期刊/科技报纸总印数 指各种科技期刊/科技报纸每期印数与发行期数乘积的总和。

编著科技图书 指本单位组织编著的科技综合类、信息类、普及类、专业技术类和专著等图书。只统计在新闻出版机构登记、有正式刊号的科技图书。

1-1 科协系统综合统计主要数据汇总表

指标	总计		科协小计		中国科协		省级科协	
	2008	2009	2008	2009	2008	2009	2008	2009
机构和人员								
实有机构(个)	7087	7091	3154	3159	1	1	32	32
#独立建制（个）	2539	2581	2539	2581	1	1	31	31
从业人员(人)	36093	37349	36093	37349	1259	1233	6852	7233
学会个人会员（万人）	—	—	—	—	—	—	—	—
学会从业人员(人)	14431	16570	—	—	—	—	—	—
#社会聘用人员（人）	3969	4398	—	—	—	—	—	—
企业科协(个)	13607	16039	13607	16039	—	—	2049	2121
个人会员(万人)	262	289	262	289	—	—	72	77
大专院校科协(个)	589	698	589	698	—	—	148	156
个人会员(万人)	42	45	42	45	—	—	24	24
街道科普协会(个)	8689	9544	8689	9544	—	—	—	—
个人会员(万人)	50	52	50	52	—	—	—	—
乡镇科普协会(个)	30645	31659	30645	31659	—	—	—	—
个人会员(万人)	208	187	208	187	—	—	—	—
农技协(个)	98520	100980	98520	100980	—	—	—	—
个人会员(万人)	1117	1147	1117	1147	—	—	—	—
经费								
经费筹集总额(百万元)	7371	7313	5471	5242	1304	881	1716	1867
#同级财政补助收入	—	—	4078	4057	974	675	1005	1183
学术交流活动								
学术交流活动(次)	30588	29825	14898	13874	69	58	903	635
参加人数（万人次）	432	455	224	230	1	1	14	15
科学技术普及活动								
举办科普讲座(次)	148429	151108	120006	120859	225	343	2904	2808
受众人数(万人次)	9623	7730	6288	6437	11	18	259	424
举办科普展览(次)	68582	69168	59237	62385	106	85	2469	1920
受众人数(万人次)	14856	13809	11751	11424	330	276	790	1045
发放科普宣传资料(万份)	18354	18475	14662	15073	6	24	514	552
开展科技咨询(次)	254572	270477	254572	270477	0	130	1398	850
实用技术培训人数(万人次)	3037	3461	3037	3461	0.003	2	31	24
推广新技术、新品种(项)	35651	37933	35651	37933	0	6	437	877
科学技术普及专题——青少年科技教育								
举办青少年科普讲座(次)	20564	21332	20564	21332	95	128	717	711
受众人数(万人次)	1291	1584	1291	1584	8	7	84	106
举办青少年科普展览(次)	12044	13569	12044	13569	0	1	299	324
受众人数(万人次)	2076	2153	2076	2153	0	1	124	148
举办青少年科技竞赛(次)	10347	11120	9740	10484	4	5	335	229
参加人数(万人次)	3467	3129	3174	2766	0.23	0.4	1065	883
举办青少年科技夏冬令营(次)	3005	2754	2610	2401	2	1	96	137
参加人数(万人次)	68	58	61	51	0.01	0.004	2	2

1-1 续表 1

指标	副省级、省会城市科协		地级科协		县级科协	
	2008	2009	2008	2009	2008	2009
机构和人员						
实有机构(个)	32	32	382	382	2707	2712
#独立建制 (个)	31	31	344	347	2132	2171
从业人员(人)	2184	2386	7266	7846	18532	18651
学会个人会员 (万人)	—	—	—	—	—	—
学会从业人员(人)	—	—	—	—	—	—
#社会聘用人员 (人)	—	—	—	—	—	—
企业科协(个)	1345	1404	3247	4110	6966	8404
个人会员(万人)	48	44	90	103	52	65
大专院校科协(个)	115	120	234	269	92	153
个人会员(万人)	8	8	9	12	0.7	1
街道科普协会(个)	—	—	399	397	8290	9147
个人会员(万人)	—	—	4	4	46	48
乡镇科普协会(个)	—	—	492	489	30153	31170
个人会员(万人)	—	—	3	2	205	185
农技协(个)	1014	1236	8233	9053	89273	90691
个人会员(万人)	14	16	84	97	1019	1034
经费						
经费筹集总额(百万元)	402	405	896	969	1153	1120
#同级财政补助收入	305	342	818	897	976	960
学术交流活动						
学术交流活动(次)	2004	2248	6068	5206	5854	5727
参加人数 (万人次)	36	49	88	90	85	75
科学技术普及活动						
举办科普讲座(次)	5014	4434	25507	26559	86356	86715
受众人数(万人次)	213	123	1110	1107	4695	4765
举办科普展览(次)	1479	1165	11309	12988	43874	46227
受众人数(万人次)	664	325	2123	2595	7844	7183
发放科普宣传资料(万份)	363	251	2833	2969	10946	11277
开展科技咨询(次)	961	1183	26660	31572	225553	236742
实用技术培训人数(万人次)	20	21	474	627	2512	2787
推广新技术、新品种(项)	260	591	5439	7560	29515	28899
科学技术普及专题——青少年科技教育						
举办青少年科普讲座(次)	237	536	4200	4421	15315	15536
受众人数(万人次)	17	32	235	268	947	1171
举办青少年科普展览(次)	239	204	2364	2941	9142	10099
受众人数(万人次)	158	90	425	478	1369	1436
举办青少年科技竞赛(次)	184	173	2270	3063	6947	7014
参加人数(万人次)	332	263	696	583	1081	1037
举办青少年科技夏冬令营(次)	31	67	440	386	2041	1810
参加人数(万人次)	2	2	8	8	49	39

1-1 续表 2

指标	学会小计		全国学会				省级学会	
			所属学会		委托管理学会			
	2008	2009	2008	2009	2008	2009	2008	2009
机构和人员								
实有机构(个)	3933	3932	166	175	22	17	3745	3740
#独立建制（个）	—	—	—	—	—	—	—	—
从业人员(人)	—	—	—	—	—	—	—	—
学会个人会员（万人）	—	—	402	413	4	1.4	501	583
学会从业人员(人)	14431	16570	2466	2557	152	127	11813	13886
#社会聘用人员（人）	3969	4398	768	825	97	54	3104	3519
企业科协(个)	—	—	—	—	—	—	—	—
个人会员(万人)	—	—	—	—	—	—	—	—
大专院校科协(个)	—	—	—	—	—	—	—	—
个人会员(万人)	—	—	—	—	—	—	—	—
街道科普协会(个)	—	—	—	—	—	—	—	—
个人会员(万人)	—	—	—	—	—	—	—	—
乡镇科普协会(个)	—	—	—	—	—	—	—	—
个人会员(万人)	—	—	—	—	—	—	—	—
农技协(个)	—	—	—	—	—	—	—	—
个人会员(万人)	—	—	—	—	—	—	—	—
经费								
经费筹集总额(百万元)	1900	2071	960	1106	12	20	928	945
#同级财政补助收入	—	—	—	—	—	—	—	—
学术交流活动								
学术交流活动(次)	15690	15951	3581	4042	112	75	11997	11834
参加人数（万人次）	208	225	61	75	2	1	145	149
科学技术普及活动								
举办科普讲座(次)	28423	30249	4018	5180	85	38	24320	25031
受众人数(万人次)	3335	1293	1979	436	16	0.5	1340	856
举办科普展览(次)	9345	6783	797	754	32	14	8516	6015
受众人数(万人次)	3105	2385	1258	780	20	20	1827	1585
发放科普宣传资料(万份)	3692	3402	357	666	61	2	3274	2734
开展科技咨询(次)	—	—	—	—	—	—	—	—
实用技术培训人数(万人次)	—	—	—	—	—	—	—	—
推广新技术、新品种(项)	—	—	—	—	—	—	—	—
科学技术普及专题——青少年科技教育								
举办青少年科普讲座(次)	—	—	—	—	—	—	—	—
受众人数(万人次)	—	—	—	—	—	—	—	—
举办青少年科普展览(次)	—	—	—	—	—	—	—	—
受众人数(万人次)	—	—	—	—	—	—	—	—
举办青少年科技竞赛(次)	607	636	64	85	14	1	529	550
参加人数(万人次)	293	363	106	164	0.07	0.02	187	199
举办青少年科技夏冬令营(次)	395	353	30	75	0	0	365	278
参加人数(万人次)	7	7	0.36	0.52	0	0	7	6

1-1 续表 3

指标	总计		科协小计		中国科协		省级科协	
	2008	2009	2008	2009	2008	2009	2008	2009
科普资源建设								
科普读物(种)	14761	12585	14761	12585	174	406	629	621
科普读物总印数(万册、幅)	5697	7456	5697	7456	454	373	3415	5216
制作科普广播影视节目(小时)	12731	12406	11399	11694	166	210	483	261
开发制作科普展览(个)	9488	6177	9488	6177	32	24	74	57
科普活动资源包(个)	17954	3204	17954	3204	7	9	62	56
科普动漫作品(个)	4907	6136	4384	6084	2100	1	1359	4632
科普基础设施建设								
科技馆(科普活动中心)(个)	2062	983	2062	983	1	1	22	23
#建筑面积8000平方米以上(个)	—	79	—	79	1	1	18	19
科普教育基地(示范基地)(个)	24868	28121	24868	28121	261	668	1374	1390
#农村科普示范基地(个)	15902	18161	15902	18161	—	—	—	—
参观人数(万人次)	13216	19576	13216	19576	980	1700	3823	5706
科普画廊(宣传栏)(个)	179444	215374	179444	215374	—	0	—	823
科普展示单元总长度(万米)	198	214	198	214	—	0	—	1
科普大篷车下乡行驶里程 (公里)	901002	2068761	901002	2068761	—	—	243354	336281
副省级以下科协科普员(人)	447811	540824	447811	540824	—	—	—	—
科普网站(个)	1814	2179	1265	1493	9	9	84	96
浏览人次(万人次)	60931	76757	13594	17414	1631	1613	3996	8260
国际及对港、澳、台地区民间科技交流活动								
国外及港澳台地区来访团组 (个)	3608	3932	724	772	66	60	309	258
来访总人数(人次)	40363	35937	8209	9053	631	584	2733	2583
派往国外及港澳台地区团组 (个)	1939	2154	482	491	132	136	174	204
派出总人数(人次)	17380	17080	3470	4311	359	1079	1421	1522
科技活动和社会服务								
开展“讲、比”活动企业数(个)	15934	18099	15934	18099	—	1	3095	2115
参与“讲、比”活动的科技人员(万人次)	162	146	162	146	—	0.0005	44	16
“讲、比”活动项目完成数(项)	47649	47181	47649	47181	—	6	12096	7385
“金桥工程”本年完成数 (项)	6951	8539	6951	8539	0	0	1379	1144
完成技术咨询合同(项)	34467	29828	28943	24939	280	300	10214	5673
反映科技工作者建议(条)	31519	33655	25595	26475	297	138	352	695
举办培训班(个)	75774	57690	61527	46018	11	70	2015	2208
培训结业人数(万人次)	1054	732	856	597	0.1	2	16	18
表彰奖励科技工作者(人次)	40349	90744	5870	50635	2630	179	3240	2964
科技传媒情况								
主办科技期刊 (种)	2147	2126	18	51	5	6	13	45
总印数 (万册)	9102	9070	58	699	26	31	32	668
主办科技报纸 (种)	99	101	31	29	0	0	31	29
总印数(万份)	14751	15186	12795	13202	0	0	12795	13202
编著科技图书(种)	2761	1743	1829	757	50	201	259	61
总印数(万册)	1831	1123	1107	369	10	47	281	57

1-1 续表 4

指 标	副省级、省会城市科协		地级科协		县级科协	
	2008	2009	2008	2009	2008	2009
科普资源建设						
科普读物(种)	503	335	1662	1485	11793	9738
科普读物总印数(万册、幅)	107	132	569	562	1152	1173
制作科普广播影视节目(小时)	270	277	1393	2246	9087	8700
开发制作科普展览(个)	75	39	673	1099	8634	4958
科普活动资源包(个)	21	20	244	435	17620	2684
科普动漫作品(个)	268	224	260	876	397	351
科普基础设施建设						
科技馆(科普活动中心)(个)	11	15	115	146	1913	798
#建筑面积8000平方米以上(个)	—	5	—	11	—	43
科普教育基地(示范基地)(个)	987	1057	4379	5212	17867	19794
#农村科普示范基地(个)	316	376	2321	3105	13265	14680
参观人数(万人次)	666	1307	2682	4130	5065	6733
科普画廊(宣传栏)(个)	1660	3733	14410	21875	163374	188943
科普展示单元总长度(万米)	2	6	26	27	170	180
科普大篷车下乡行驶里程 (公里)	28470	54240	333801	669534	295377	1008706
副省级以下科协科普员(人)	4597	7956	78609	85376	364605	447492
科普网站(个)	33	42	222	284	917	1062
浏览人次(万人次)	378	433	2735	2247	4854	4861
国际及对港、澳、台地区民间科技交流活动						
国外及港澳台地区来访团组 (个)	111	142	153	224	85	88
来访总人数(人次)	1160	2104	1767	2371	1918	1411
派往国外及港澳台地区团组 (个)	46	50	89	73	41	28
派出总人数(人次)	413	852	708	662	569	196
科技活动和社会服务						
开展“讲、比”活动企业数(个)	743	835	3828	4586	8268	10562
参与“讲、比”活动的科技人员(万人次)	22	27	62	64	34	39
“讲、比”活动项目完成数(项)	9695	8484	16887	21525	8971	9781
“金桥工程”本年完成数 (项)	818	766	2046	2633	2708	3996
完成技术咨询合同(项)	4922	4832	9415	8500	4112	5634
反映科技工作者建议(条)	1518	1311	5533	6125	17895	18206
举办培训班(个)	468	2088	9948	6634	49085	35018
培训结业人数(万人次)	4	15	102	104	734	458
表彰奖励科技工作者(人次)	—	1755	—	15070	—	30667
科技传媒情况						
主办科技期刊 (种)	—	—	—	—	—	—
总印数 (万册)	—	—	—	—	—	—
主办科技报纸 (种)	—	—	—	—	—	—
总印数(万份)	—	—	—	—	—	—
编著科技图书(种)	53	30	396	135	1071	330
总印数(万册)	39	42	298	72	479	151

1-1 续表 5

指　　标	学会小计		全国学会				省级学会	
			所属学会		委托管理学会			
	2008	2009	2008	2009	2008	2009	2008	2009
科普资源建设								
科普读物(种)	—	—	—	—	—	—	—	—
科普读物总印数(万册、幅)	—	—	—	—	—	—	—	—
制作科普广播影视节目(小时)	1332	712	705	176	0	0	627	536
开发制作科普展览(个)	—	—	—	—	—	—	—	—
科普活动资源包(个)	—	—	—	—	—	—	—	—
科普动漫作品(个)	523	52	13	6	0	0	510	46
科普基础设施建设								
科技馆(科普活动中心)(个)	—	—	—	—	—	—	—	—
#建筑面积8000平方米以上(个)	—	—	—	—	—	—	—	—
科普教育基地(示范基地)(个)	—	—	—	—	—	—	—	—
#农村科普示范基地(个)	—	—	—	—	—	—	—	—
参观人数(万人次)	—	—	—	—	—	—	—	—
科普画廊(宣传栏)(个)	—	—	—	—	—	—	—	—
科普展示单元总长度(万米)	—	—	—	—	—	—	—	—
科普大篷车下乡行驶里程 (公里)	—	—	—	—	—	—	—	—
副省级以下科协科普员(人)	—	—	—	—	—	—	—	—
科普网站(个)	549	686	176	229	18	5	355	452
浏览人次(万人次)	47337	59343	41719	53197	88	157	5530	5989
国际及对港、澳、台地区民间科技交流活动								
国外及港澳台地区来访团组 (个)	2884	3160	995	1183	40	19	1849	1958
来访总人数(人次)	32154	26884	13465	11566	282	365	18407	14953
派往国外及港澳台地区团组 (个)	1457	1663	413	541	18	16	1026	1106
派出总人数(人次)	13910	12769	4474	4575	64	129	9372	8065
科技活动和社会服务								
开展“讲、比”活动企业数(个)	—	—	—	—	—	—	—	—
参与“讲、比”活动的科技人员(万人次)	—	—	—	—	—	—	—	—
“讲、比”活动项目完成数(项)	—	—	—	—	—	—	—	—
“金桥工程”本年完成数 (项)	—	—	—	—	—	—	—	—
完成技术咨询合同(项)	5524	4889	309	512	2	0	5213	4377
反映科技工作者建议(条)	5924	7180	644	686	24	11	5256	6483
举办培训班(个)	14247	11672	1880	1775	59	54	12308	9843
培训结业人数(万人次)	198	135	61	21	0.3	0.3	136	114
表彰奖励科技工作者(人次)	34479	40109	12411	18055	69	74	21999	21980
科技传媒情况								
主办科技期刊 (种)	2129	2075	929	960	14	11	1186	1104
总印数 (万册)	9044	8371	6155	5860	20	27	2869	2484
主办科技报纸 (种)	68	72	7	4	1	1	60	67
总印数(万份)	1956	1984	220	201	0.2	0.5	1736	1782
编著科技图书(种)	932	986	170	227	3	2	759	757
总印数(万册)	724	754	190	173	1	1	533	580

二、组织、机构与人员

简要说明

一、本篇包括中国科协及全国学会、省级科协及所属省级学会、副省级城市科协、省会城市科协、地级科协、县级科协的组织机构及从业人员的基本情况。

二、本篇统计资料由四部分组成：（一）中国科协、省级科协组织、机构与人员。主要指标有：机关内设机构及从业人员、直属单位及从业人员、所属学会及从业人员和社会聘用人员、企业科协及个人会员、大专院校科协及个人会员等。（二）副省级城市科协、省会城市科协组织、机构与人员。主要指标有：机关从业人员、直属单位及从业人员、所属学会及个人会员和从业人员、企业科协及个人会员、大专院校科协及个人会员、街道科普协会及个人会员、乡镇科普协会及个人会员、农技协及个人会员等。（三）地级科协、县级科协组织、机构与人员。指标设置同第二部分。（四）全国学会、省级学会组织、机构与人员。主要指标有：理事会理事、专门工作委员会、所属分科学会、学会个人会员、学会从业人员、学会团体会员等。

主要指标解释

机关内设机构 指科协机关内部设置、不具有独立法人资格的一级机构。

科普机构 指机关内设机构中主要从事科普管理工作的机构。

直属单位 指由科协主办并直接领导的，经工商行政管理部门登记具有独立法人资格的企业，或经编制管理部门批准的事业单位（不含其下属的企事业单位）。

科普单位 包括报纸、杂志、图书、音像出版社等出版单位；农函大分校、青少年科技活动中心、科技馆等教育培训单位；科普研究单位等。

机关/直属单位从业人员 指在本单位工作、并领取劳动报酬的在编和连续工作一年以上的非在编人员。

科普从业人员 指科普机构（单位）中的从业人员和非科普机构（单位）中主要从事科普工作的人员（例如科普网站的管理和维护人员）。

科协团体会员（所属学会、协会、研究会） 指按照国务院《社会团体登记管理条例》依法登记、经科协正式批准接纳为科协团体会员的学会、协会、研究会。

全国学会、协会、研究会是中国科学技术协会的团体会员。

县级以上（含县级）地方学会、协会、研究会是同级地方科学技术协会的团体会员。

街道科普协会、乡镇科普协会、个人会员 这三个指标由县级科协和直辖市的地级科协填报。

农技协 指在民政部门登记、经科协正式审批接纳的农村专业技术协会（农技协）和在科协登记备案的各类农村专业技术研究会（农研会）。

理事会理事 指经会员代表大会选举产生的学会理事。

所属分科学会 指学会按专业划分的专业委员会、专业分会或专业组，不含工作委员会和地方分会。

高级（资深）会员 指符合各学会章程所规定的高级会员或资深会员的标准的会员。如章程中无此项规定，则按具备高级专业技术资格的会员数填报。

学会从业人员 指在本学会工作并领取劳动报酬的在编人员和连续工作一年以上的社会聘用人员。

社会聘用人员 指由学会聘用的在本学会连续工作一年以上的人员。

2-1 中国科协、省级科协组织、机构与人员汇总表

指标	合计		中国科协		省级科协	
	2008	2009	2008	2009	2008	2009
机关内设机构（个）	228	229	9	9	219	220
#科普机构	51	51	1	1	50	50
机关从业人员（人）	1489	1497	156	160	1333	1337
#女性从业人员	493	504	61	61	432	443
#科普从业人员	316	351	18	18	298	333
直属单位（个）	271	267	14	13	257	254
#科普单位	174	171	6	5	168	166
直属单位从业人员（人）	6622	6969	1103	1073	5519	5896
#女性从业人员	2845	3081	510	516	2335	2565
#科普从业人员	3911	4430	547	647	3364	3783
科协团体会员（个）(所属学会、协会、研究会)	3911	3945	166	175	3745	3770
企业科协（个）	2049	2121	—	0	2049	2121
个人会员（万人）	72	77	—	0	72	77
大专院校科协（个）	148	156	—	0	148	156
个人会员（万人）	24	24	—	0	24	24

2－2　副省级城市科协、省会城市科协、地级科协、县级科协组织、机构与人员汇总表

指　　标	合　　计		副省级、省会城市科协		地级科协		县级科协	
	2008	2009	2008	2009	2008	2009	2008	2009
独立建制的科协(个)	2507	2549	31	31	344	347	2132	2171
机关从业人员(人)	20416	21277	788	787	4344	4754	15284	15736
#女性从业人员	6025	6513	271	270	1276	1437	4478	4806
直属单位(个)	1236	1313	88	89	477	496	671	728
直属单位从业人员(人)	7566	7606	1396	1599	2922	3092	3248	2915
#女性从业人员	3179	3271	668	796	1199	1283	1312	1192
科协团体会员（个）(所属学会、协会、研究会)	58740	62029	1965	1948	12212	13743	44563	46338
企业科协(个)	11558	13918	1345	1404	3247	4110	6966	8404
个人会员(万人)	190	212	48	44	90	103	52	65
大专院校科协(个)	441	542	115	120	234	269	92	153
个人会员(万人)	17	21	8	8	9	12	0.7	1
街道科普协会(个)	8689	9544	—	—	399	397	8290	9147
个人会员(万人)	50	52	—	—	4	4	46	48
乡镇科普协会(个)	30645	31659	—	—	492	489	30153	31170
个人会员(万人)	208	187	—	—	3	2	205	185
农技协(个)	98520	100980	1014	1236	8233	9053	89273	90691
个人会员(万人)	1117	1146	14	16	84	97	1019	1034

2-3　全国学会、省级学会组织、机构与人员汇总表

指　　标	合　　计		全国学会				省级学会	
			所属学会		委托管理学会			
	2008	2009	2008	2009	2008	2009	2008	2009
理事会理事(人)	233482	241828	23469	25462	1901	1447	208112	214919
#常务理事	84992	88621	6994	7718	605	425	77393	80478
#女性理事	31249	32882	2347	2715	273	222	28629	29945
专门工作委员会(个)	10504	10576	963	1001	41	29	9500	9546
#科普工作委员会	1662	1654	148	141	3	1	1511	1512
所属分科学会(个)	17557	18539	2593	2706	84	29	14880	15804
学会个人会员(万人)	—	—	402	413	4	1.4	501	583
#女性会员	—	—	75	105	0.9	0.4	139	162
#高级(资深)会员	—	—	21	21	0.7	0.3	78	82
学生会员	—	—	20	23	0.7	0.08	12	15
#外籍会员	—	—	0.1	0.1	0.02	0.07	0.06	0.07
港、澳、台会员	—	—	0.2	0.2	0.003	0.001	0.08	0.1
#交纳会费会员	—	—	45	101	0.6	0.4	101	110
学会从业人员(人)	14431	16570	2466	2557	152	127	11813	13886
#社会聘用人员	3969	4398	768	825	97	54	3104	3519
学会团体会员(个)	229491	232256	62582	65709	1791	1330	165118	165217

2－4 各省级科协组织、机构与人员

地 区	机关内设机构（个）	#科普机构	机关从业人员（人）	#女性从业人员	#科普从业人员	直属单位（个）	#科普单位
合 计	**220**	**50**	**1337**	**443**	**333**	**254**	**166**
北 京	6	3	45	17	23	13	12
天 津	8	1	54	19	6	14	2
河 北	8	1	45	14	8	6	3
山 西	10	2	49	10	11	13	11
内蒙古	5	1	38	19	10	5	3
辽 宁	6	1	39	9	7	4	3
吉 林	7	1	34	16	6	11	4
黑龙江	7	1	34	10	5	7	4
上 海	8	1	68	33	9	11	4
江 苏	7	1	59	15	9	16	5
浙 江	5	1	39	11	7	7	6
安 徽	6	1	36	8	7	8	5
福 建	7	1	47	16	7	10	5
江 西	6	1	33	6	5	5	4
山 东	7	1	48	11	6	7	6
河 南	9	2	40	10	3	10	8
湖 北	9	1	47	15	7	7	5
湖 南	7	1	42	14	6	11	5
广 东	7	1	43	18	6	6	4
广 西	5	1	29	14	10	7	6
海 南	7	1	39	12	10	3	3
重 庆	8	5	64	22	40	10	9
四 川	8	3	48	16	18	12	9
贵 州	9	5	42	17	32	5	4
云 南	8	1	40	15	6	11	7
西 藏	3	1	28	11	5	1	0
陕 西	10	5	44	13	20	10	10
甘 肃	6	1	53	16	8	6	6
青 海	6	1	35	14	21	4	2
宁 夏	5	1	27	6	2	5	4
新 疆	9	1	41	13	8	9	7
新疆建设兵团	1	1	7	3	5	0	0

2-4 续表

地 区	直属单位从业人员(人)	#女性从业人员	#科普从业人员	所属学会、协会、研究会(科协团体会员)(个)	企业科协		大专院校科协	
					个 数(个)	个人会员(人)	个 数(个)	个人会员(人)
合 计	**5896**	**2565**	**3783**	**3770**	**2121**	**767803**	**156**	**241865**
北 京	246	114	204	154	230	72700	9	4264
天 津	254	101	17	140	476	100000	0	0
河 北	155	57	136	119	60	40000	0	0
山 西	402	301	356	140	50	34000	0	0
内蒙古	79	36	71	83	0	0	0	0
辽 宁	171	75	35	114	0	0	0	0
吉 林	127	51	72	105	0	0	0	0
黑龙江	175	86	138	141	470	56000	0	0
上 海	327	147	112	180	54	31485	1	2000
江 苏	91	30	51	132	0	0	31	26000
浙 江	123	49	90	157	23	30000	0	0
安 徽	137	41	93	153	33	15000	2	2000
福 建	138	47	103	148	0	0	14	6800
江 西	89	40	41	109	80	36000	3	2300
山 东	184	51	170	140	10	15000	0	0
河 南	305	123	259	129	0	0	0	0
湖 北	148	68	129	127	24	5600	21	9800
湖 南	284	97	187	122	238	240000	19	83020
广 东	555	241	57	154	0	0	0	0
广 西	190	73	85	96	1	1560	22	86648
海 南	22	6	13	70	11	2000	0	0
重 庆	726	298	627	120	141	54272	14	8075
四 川	123	52	71	129	0	0	0	0
贵 州	105	53	97	104	31	7975	0	0
云 南	174	71	113	123	7	1600	1	1000
西 藏	12	5	0	58	1	58	3	1830
陕 西	110	39	67	143	2	10700	5	3600
甘 肃	79	38	79	94	64	3986	2	120
青 海	79	26	79	64	6	1100	0	0
宁 夏	135	74	122	89	57	4200	2	1500
新 疆	151	75	109	115	52	4567	4	1854
新疆建设兵团	0	0	0	18	0	0	3	1054

2-5 各副省级城市科协、省会城市科协组织、机构与人员

城市	独立建制的科协(个)	机关从业人员(人)	#女性从业人员	直属单位(个)	直属单位从业人员(人)	#女性从业人员	所属学会、协会、研究会(科协团体会员)(个)
合计	**31**	**787**	**270**	**89**	**1599**	**796**	**1948**
副省级城市小计	**15**	**461**	**143**	**51**	**1222**	**601**	**1227**
宁波*	1	23	8	3	28	12	74
厦门*	1	16	5	1	6	5	75
深圳*	1	21	7	3	84	35	69
青岛*	1	41	11	3	133	46	88
大连*	1	31	8	4	64	31	100
省会城市小计	**26**	**655**	**231**	**75**	**1284**	**667**	**1542**
石家庄	1	25	8	2	27	10	50
太原	1	22	9	6	32	15	51
呼和浩特	1	16	4	2	17	9	30
沈阳*	1	31	7	5	38	14	86
长春*	1	23	7	3	18	4	59
哈尔滨*	1	39	9	3	31	14	107
南京*	1	36	11	4	97	59	88
杭州*	1	30	14	3	82	40	64
合肥	1	13	5	3	65	35	48
福州	1	15	6	4	51	20	70
南昌	1	27	10	0	0	0	30
济南*	1	34	11	0	0	0	63
郑州	1	26	9	5	74	51	64
武汉*	1	44	14	3	157	67	93
长沙	1	23	5	1	3	2	48
广州*	1	36	14	9	383	233	76
南宁	1	21	7	1	4	2	43
海口	1	12	3	1	14	3	7
成都*	1	26	7	4	46	16	99
贵阳	1	34	17	1	6	5	49
昆明	1	26	12	3	19	9	65
拉萨	0	4	1	0	0	0	10
西安*	1	30	10	3	55	25	86
兰州	1	12	6	4	21	11	42
西宁	1	17	9	1	5	1	22
银川	1	16	6	1	2	0	46
乌鲁木齐	1	17	10	3	37	22	46

注：城市名称后带“*”的为副省级城市，包括省会城市中带“*”的。

2-5 续表

城　市	企业科协		大专院校科协		街道科普协会		乡镇科普协会		农技协	
	个　数(个)	个人会员(人)	个　数(个)	个人会员(人)	个　数(个)	个人会员(人)	个　数(个)	个人会员(人)	个　数(个)	个人会员(人)
合　计	**1404**	**440904**	**120**	**75322**	—	—	—	—	**1236**	**157915**
副省级城市小计	**980**	**360923**	**101**	**73831**	—	—	—	—	**740**	**111835**
宁　波*	6	376	9	580	—	—	—	—	0	0
厦　门*	14	2808	0	0	—	—	—	—	0	0
深　圳*	0	0	0	0	—	—	—	—	0	0
青　岛*	39	6520	3	1311	—	—	—	—	0	0
大　连*	58	28500	10	21500	—	—	—	—	0	0
省会城市小计	**1287**	**402700**	**98**	**51931**	—	—	—	—	**1236**	**157915**
石家庄	85	0	4	0	—	—	—	—	0	0
太　原	64	40000	0	0	—	—	—	—	10	5000
呼和浩特	2	500	1	300	—	—	—	—	70	10000
沈　阳*	58	11100	16	21000	—	—	—	—	0	0
长　春*	11	9870	9	8720	—	—	—	—	45	8000
哈尔滨*	66	90000	10	7850	—	—	—	—	660	101575
南　京*	175	20750	2	420	—	—	—	—	0	0
杭　州*	59	25000	0	0	—	—	—	—	0	0
合　肥	2	158	0	0	—	—	—	—	0	0
福　州	15	1600	0	0	—	—	—	—	0	0
南　昌	13	2500	0	0	—	—	—	—	81	5209
济　南*	133	24199	6	450	—	—	—	—	5	760
郑　州	26	5230	0	0	—	—	—	—	0	0
武　汉*	130	75800	0	0	—	—	—	—	0	0
长　沙	24	4100	5	650	—	—	—	—	116	6000
广　州*	65	24000	0	0	—	—	—	—	0	0
南　宁	22	10000	0	0	—	—	—	—	0	0
海　口	2	120	0	0	—	—	—	—	58	1200
成　都*	120	12000	6	3000	—	—	—	—	0	0
贵　阳	68	6000	1	100	—	—	—	—	1	60
昆　明	53	0	1	0	—	—	—	—	0	0
拉　萨	0	0	0	0	—	—	—	—	11	1200
西　安*	46	30000	30	9000	—	—	—	—	30	1500
兰　州	18	8340	2	180	—	—	—	—	117	6311
西　宁	0	0	0	0	—	—	—	—	0	0
银　川	12	570	0	0	—	—	—	—	1	3000
乌鲁木齐	18	863	5	261	—	—	—	—	31	8100

2－6 各地区地级科协组织、机构与人员

地　区	独立建制的科协（个）	机关从业人员（人）	#女性从业人员	直属单位（个）	直属单位从业人员（人）	#女性从业人员	所属学会、协会、研究会（科协团体会员）（个）
合　计	**347**	**4754**	**1437**	**496**	**3092**	**1283**	**13743**
北　京	15	152	59	9	46	14	239
天　津	4	110	34	11	54	31	212
河　北	10	205	60	25	201	56	456
山　西	10	152	62	23	133	54	479
内蒙古	11	247	107	9	130	53	272
辽　宁	12	462	135	49	417	186	1676
吉　林	8	68	12	16	113	44	334
黑龙江	12	138	54	14	71	36	332
上　海	18	276	109	20	187	88	435
江　苏	12	186	60	25	103	36	698
浙　江	9	86	18	12	66	31	445
安　徽	16	172	40	14	139	64	649
福　建	7	65	12	15	56	25	371
江　西	10	115	28	19	78	36	336
山　东	14	218	50	24	198	76	421
河　南	16	209	61	34	134	42	636
湖　北	12	159	46	26	166	52	540
湖　南	13	157	44	16	106	44	548
广　东	17	205	54	20	257	125	676
广　西	13	129	36	9	35	14	488
海　南	1	11	3	0	0	0	7
重　庆	14	124	37	8	28	11	317
四　川	20	231	64	28	91	40	850
贵　州	8	81	27	4	12	9	166
云　南	13	157	49	19	53	25	411
西　藏	0	14	4	1	3	1	77
陕　西	9	118	35	7	47	21	314
甘　肃	13	263	71	12	53	23	635
青　海	2	45	13	6	23	6	185
宁　夏	4	37	6	2	5	4	68
新　疆	13	129	34	16	61	26	335
新疆建设兵团	11	33	13	3	26	10	135

2-6 续表

地 区	企业科协		大专院校科协		街道科普协会		乡镇科普协会		农技协	
	个 数（个）	个人会员（人）	个 数（个）	个人会员（人）	个 数（个）	个人会员（人）	个 数（个）	个人会员（人）	个 数（个）	个人会员（人）
合 计	**4110**	**1031631**	**269**	**120181**	**397**	**42353**	**489**	**23400**	**9053**	**970660**
北 京	47	4879	22	1750	120	15692	126	6833	84	6201
天 津	97	21749	4	2671	100	12318	78	2213	102	14757
河 北	118	63720	15	6467	—	—	—	—	185	12950
山 西	153	66684	14	1988	—	—	—	—	706	122300
内蒙古	36	6781	1	50	—	—	—	—	775	46955
辽 宁	496	129885	24	10947	—	—	—	—	441	32867
吉 林	124	47665	11	16702	—	—	—	—	326	53087
黑龙江	80	12755	14	13606	—	—	—	—	194	8100
上 海	61	5937	2	0	84	5979	101	6718	15	710
江 苏	341	67289	46	31631	—	—	—	—	0	0
浙 江	57	3657	14	2484	—	—	—	—	1	100
安 徽	26	59704	3	4670	—	—	—	—	49	76835
福 建	48	8363	7	1620	—	—	—	—	7	550
江 西	62	11904	4	2730	—	—	—	—	286	24818
山 东	825	117771	0	0	—	—	—	—	280	83335
河 南	123	27217	10	2603	—	—	—	—	668	81101
湖 北	143	38270	18	4731	—	—	—	—	65	9850
湖 南	137	60375	15	7732	—	—	—	—	360	34370
广 东	513	29686	3	298	—	—	—	—	508	25504
广 西	76	36526	8	1424	—	—	—	—	5	753
海 南	0	0	0	0	—	—	—	—	2	20
重 庆	54	5415	10	832	93	8364	184	7636	404	32934
四 川	177	108909	15	2910	—	—	—	—	69	12994
贵 州	2	2336	1	200	—	—	—	—	1	40
云 南	8	886	0	0	—	—	—	—	7	2144
西 藏	16	0	0	0	—	—	—	—	29	600
陕 西	62	26741	4	1066	—	—	—	—	585	22195
甘 肃	130	49182	1	15	—	—	—	—	1909	138086
青 海	5	1923	0	0	—	—	—	—	34	2180
宁 夏	12	1752	0	0	—	—	—	—	207	38695
新 疆	28	8870	0	0	—	—	—	—	646	13863
新疆建设兵团	53	4800	3	1054	—	—	—	—	103	71766

2－7 各地区县级科协组织、机构与人员

地区	独立建制的科协（个）	机关从业人员（人）	#女性从业人员	直属单位（个）	直属单位从业人员（人）	#女性从业人员	所属学会、协会、研究会（科协团体会员）（个）
合 计	**2171**	**15736**	**4806**	**728**	**2915**	**1192**	**46338**
北 京	1	21	5	1	19	10	26
天 津	0	21	6	0	0	0	41
河 北	148	993	344	16	63	17	2424
山 西	117	863	367	26	99	43	2132
内蒙古	70	540	210	17	63	30	1384
辽 宁	89	460	155	28	97	47	1751
吉 林	51	322	112	52	308	159	1329
黑龙江	70	422	169	80	154	80	1754
上 海	1	6	4	1	7	3	30
江 苏	88	685	161	38	142	57	2386
浙 江	69	600	152	41	120	58	1914
安 徽	86	577	113	15	69	14	2527
福 建	81	430	109	37	106	58	1508
江 西	96	516	106	11	48	5	1741
山 东	125	999	233	58	178	46	2030
河 南	150	1282	460	55	249	127	3040
湖 北	84	654	171	67	241	122	2122
湖 南	102	791	217	39	144	59	2171
广 东	82	574	153	12	128	59	2210
广 西	103	554	160	13	56	12	1409
海 南	20	120	30	0	0	0	224
重 庆	23	174	26	6	21	8	570
四 川	120	888	275	19	88	33	4177
贵 州	84	480	148	32	85	22	1402
云 南	93	821	220	17	116	38	1343
西 藏	2	33	12	1	10	0	15
陕 西	86	607	226	12	111	40	1615
甘 肃	56	579	190	7	18	6	1911
青 海	12	224	77	19	81	29	216
宁 夏	15	89	34	2	73	0	237
新 疆	47	411	161	6	21	10	699

2-7 续表

地区	企业科协		大专院校科协		街道科普协会		乡镇科普协会		农技协	
	个数（个）	个人会员（人）	个数（个）	个人会员（人）	个数（个）	个人会员（人）	个数（个）	个人会员（人）	个数（个）	个人会员（人）
合计	**8404**	**645363**	**153**	**9128**	**9147**	**482386**	**31706**	**1851754**	**90691**	**10335283**
北京	0	0	0	0	3	100	15	2200	0	0
天津	2	186	0	0	0	0	58	208	26	6036
河北	333	35918	4	355	365	10190	1884	74313	3485	445299
山西	288	22575	5	139	313	15090	1550	71835	4078	178960
内蒙古	133	11707	2	41	289	18230	548	15861	2290	189218
辽宁	299	14780	13	884	651	46045	1019	127151	4755	432166
吉林	89	15327	0	0	265	10386	618	42406	2886	207350
黑龙江	188	4775	2	310	534	20165	738	54662	4210	449626
上海	0	0	0	0	0	0	18	900	0	0
江苏	1575	116705	20	1931	725	50003	1014	144235	4865	390379
浙江	1228	90087	2	268	322	19651	1131	55391	2499	128392
安徽	170	15681	1	71	401	18407	1179	74419	3741	656196
福建	970	69784	2	251	169	6852	921	41586	2132	110526
江西	114	8597	4	189	213	12825	1529	64999	1996	178395
山东	977	41319	12	153	569	17665	1515	45812	7701	784549
河南	293	14050	1	30	687	18856	2057	103688	7025	683702
湖北	324	24070	16	510	413	42337	986	48459	2750	610645
湖南	247	38121	24	2075	571	23946	2017	101332	2710	345798
广东	151	13347	2	130	434	24153	1498	50245	1159	94998
广西	91	22950	0	0	225	3418	850	31404	2403	402167
海南	0	0	0	0	49	868	188	6579	239	25714
重庆	52	5692	1	50	59	29186	852	141702	993	84303
四川	337	37449	8	255	830	40206	3610	332622	10789	2245891
贵州	105	12071	0	0	154	12267	901	36529	2872	232885
云南	89	8894	1	150	48	6061	1157	38564	5787	578515
西藏	5	0	0	0	0	0	0	0	3	112
陕西	108	11322	2	68	284	18158	1445	45409	3913	244031
甘肃	143	4688	22	500	273	7622	1481	38683	3100	320673
青海	21	1373	1	6	49	305	187	4595	424	94103
宁夏	36	850	2	510	73	889	179	3084	334	55086
新疆	36	3045	6	252	179	8505	561	52881	1526	159568

2-8 各地区省级学会组织、机构与人员

地 区	理事会理 事(人)	#常务理事	#女性理事	专门工作委 员 会(个)	#科普工作委 员 会	所属分科学会(个)	学会从业人员(人)	#社会聘用人员
合 计	**214919**	**80478**	**29945**	**9546**	**1512**	**15804**	**13886**	**3519**
北 京	9252	3356	1938	507	88	600	665	335
天 津	6611	2090	959	360	66	475	977	130
河 北	7269	2699	1228	252	32	552	312	176
山 西	10231	3731	1525	452	60	648	673	125
内蒙古	4123	1502	555	141	25	227	208	19
辽 宁	8721	3383	1586	300	41	896	260	50
吉 林	7942	3045	1357	343	43	391	222	46
黑龙江	5569	2131	1000	249	27	476	307	70
上 海	7317	2100	1115	576	95	925	742	338
江 苏	9072	3562	1057	513	96	726	419	128
浙 江	7421	2957	981	420	52	496	386	144
安 徽	8764	3361	1186	302	57	534	1568	292
福 建	10068	3914	1292	318	58	487	383	143
江 西	5206	1863	697	213	37	362	224	86
山 东	8561	2993	1015	358	59	2638	542	81
河 南	8814	3166	1087	396	64	442	317	85
湖 北	9015	3349	960	307	50	377	284	45
湖 南	9810	3822	1018	338	54	410	632	125
广 东	10811	4087	1399	457	84	542	531	203
广 西	5835	2085	795	226	34	376	296	87
海 南	2273	877	212	95	12	114	224	64
重 庆	7540	2728	943	385	54	485	534	132
四 川	9838	3686	1095	470	65	936	380	86
贵 州	5054	2015	794	319	40	233	176	36
云 南	6144	2263	1079	231	33	356	350	136
西 藏	1253	539	236	30	4	37	408	18
陕 西	6511	2559	826	390	63	392	822	107
甘 肃	3870	1692	524	143	22	190	273	72
青 海	2185	953	218	73	19	71	117	17
宁 夏	3357	1385	350	150	39	138	365	60
新 疆	6482	2585	918	232	39	272	289	83

2-8 续表

地区	学会个人会员(人)	#女性会员	#高级(资深)会员	学生会员	#外籍会员	港、澳、台会员	#交纳会费会员	学会(团体)会员(个)
合计	**5825586**	**1620151**	**824051**	**146622**	**675**	**949**	**1100905**	**165217**
北京	226089	95862	58256	10403	46	18	90038	11811
天津	141396	57048	18213	1214	9	13	28442	8986
河北	157354	37977	21696	972	41	298	19815	6476
山西	830216	250671	20989	11229	27	0	26861	5736
内蒙古	67293	18533	11372	896	0	0	8542	1225
辽宁	319384	70532	19806	17218	2	1	32733	5253
吉林	155837	42511	18730	6500	5	15	21207	9317
黑龙江	154694	50760	17084	2619	2	1	4359	1877
上海	185398	63797	29471	6157	109	124	106367	13313
江苏	288797	80236	47431	5342	42	32	107589	6567
浙江	169856	65548	29666	2394	157	17	55820	7784
安徽	195561	31884	26651	9742	19	0	52938	4606
福建	164715	57624	31292	11054	26	43	68124	8748
江西	160834	59340	40601	710	2	1	12929	5225
山东	331524	50910	60558	3537	4	1	32596	4494
河南	248309	39577	34233	1961	1	0	19704	4073
湖北	138859	30530	26448	2781	6	18	18923	4485
湖南	289710	59126	56404	3958	12	7	40988	9252
广东	275874	83470	34898	3971	26	236	97007	11663
广西	162214	48265	26648	4147	62	44	38555	3566
海南	21197	8303	1810	798	2	0	8448	1318
重庆	84785	27632	19105	3326	5	7	49683	5806
四川	339506	66196	38841	7008	4	4	40862	6082
贵州	80568	24837	11300	611	7	7	8348	2124
云南	186758	78137	53694	2152	5	47	39497	4659
西藏	6151	1930	386	20	0	0	198	331
陕西	172665	47040	37010	15876	5	4	29316	3187
甘肃	70530	16516	8670	3950	16	10	14305	1263
青海	31801	11580	2811	1214	1	1	2935	656
宁夏	46708	13318	5672	1583	0	0	711	1709
新疆	121003	30461	14305	3279	32	0	22265	3625

三、经费筹集与使用

简要说明

一、本篇包括中国科协及全国学会、省级科协及所属省级学会、副省级城市科协、省会城市科协、地级科协、县级科协的经费筹集与使用情况。

二、本篇统计资料由四部分组成：（一）中国科协、省级科协经费筹集与使用情况。主要指标有：本年经费筹集总额、本年经费使用总额等。本年经费筹集总额统计各单位来自所有渠道的经费总额，包括同级财政补助、上级科协项目补助、事业收入、经营收入和其他收入；本年经费使用总额统计各单位各方面的经费支出情况，其中对科普经费支出进行单独统计。（二）副省级城市科协、省会城市科协经费筹集与使用情况。指标设置同第一部分。（三）地级科协、县级科协经费筹集与使用情况。指标设置同第一部分。（四）全国学会、省级学会经费筹集与使用情况。主要指标有：本年经费筹集总额、本年经费使用总额等。本年经费筹集总额统计各单位来自所有渠道的经费总额，包括科协资助、挂靠单位资助、个人会费、单位（团体）会费、捐赠、学会活动收入、承担委托项目收入和其他收入；本年经费使用总额统计各单位的经费支出情况，其中对学术活动费和科普活动费进行单独统计。

主要指标解释

同级财政补助 指同级财政部门全年拨付的科学事业费、行政费、项目费和基建费等预算经费。不含通过同级财政部门拨付上级财政转移支付的上级科协项目资助。

科普经费 指专门用于科普设施建设和科普活动（含青少年科技活动）的专项经费。

上级科协项目补助 指上一级科协以项目资助或委托等形式拨付的经费。

事业收入 指本单位开展业务活动及其辅助活动取得的收入，包括科研收入、技术收入、学术活动收入、科普活动收入和试制产品收入等。

经营收入 指本单位在专业业务活动及辅助活动之外开展的非独立核算的生产经营活动取得的收入，包括产品销售收入、经营服务收入、工程承包收入、租赁收入和其他经营收入等。

其他收入 指本单位经费筹集总额中除上述收入外的所有收入。

捐赠 指国内外有关单位、团体和个人给予本单位的捐赠和资助。

承担委托项目收入 指本单位承担有关部门和单位委托的项目论证、决策咨询、科研课题、成果鉴定、职称评定等各项工作所取得的经费。

3－1 中国科协、省级科协经费筹集与使用汇总表

单位：千元

指标	合计		中国科协		省级科协	
	2008	2009	2008	2009	2008	2009
本年经费筹集总额	3020525	2748128	1304211	881441	1716315	1866687
1.同级财政补助	1978949	1858273	973748	674896	1005201	1183377
#科普经费	1298933	1122395	857188	665896	441744	456499
2.上级科协项目补助	114212	92402	—	—	114212	92402
#科普经费	72627	59133	—	—	72627	59133
3.事业收入	405031	462330	123456	109630	281575	352700
4.经营收入	263914	235446	64064	65847	199850	169599
5.其它收入	258420	99677	142943	31069	115476	68608
本年经费使用总额	2637013	2954291	1073543	1380653	1563470	1573638
#科普经费	1474052	1784624	936293	1278997	537759	505628
#青少年科技活动费	101022	79075	31345	33508	69677	45567
科普设施建设费	359586	617454	301998	588536	57588	28918

3－2 副省级城市科协、省会城市科协、地级科协、县级科协经费筹集与使用汇总表

单位：千元

指标	合计		副省级、省会城市科协		地级科协		县级科协	
	2008	2009	2008	2009	2008	2009	2008	2009
本年经费筹集总额	2451749	2494354	402199	405104	896102	968842	1153447	1120408
1.同级财政补助	2099013	2198907	304709	342213	818124	897102	976180	959592
#科普经费	879150	969435	134440	170688	318086	340062	426624	458685
2.上级科协项目补助	210116	191077	4825	7970	53947	46642	151344	136465
#科普经费	119758	122209	3223	3373	34019	32230	82516	86606
3.事业收入	79510	62603	62617	47171	13043	10263	3850	5169
4.经营收入	22165	7103	20688	5946	1064	814	413	343
5.其它收入	40945	34664	9360	1804	9924	14021	21660	18839
本年经费使用总额	2399687	2449567	398728	390370	890707	946871	1110252	1112326
#科普经费	995558	1055726	139191	171166	350045	363364	506323	521196
#青少年科技活动费	106822	122580	12472	13554	32767	40045	61584	68981
科普设施建设费	202101	207611	10496	14728	52959	54150	138646	138733

3-3 全国学会、省级学会经费筹集与使用汇总表

单位：千元

指标	合计		全国学会				省级学会	
			所属学会		委托管理学会			
	2008	2009	2008	2009	2008	2009	2008	2009
本年经费筹集总额	1899677	2071569	959679	1106427	12110	20238	927889	944904
1.科协资助	103210	108080	64443	67500	607	395	38160	40185
2.挂靠单位资助	226349	184113	140637	106494	919	925	84793	76694
3.会费收入	227788	246359	61854	74146	2191	2547	163743	169665
4.捐赠	75626	104791	26217	70234	451	5391	48958	29166
5.学会活动收入	690562	811284	415155	478777	2632	8662	272775	323845
6.科技期刊收入	140644	142582	102584	100417	152	6	37907	42159
7.承担委托项目收入	215216	225960	65767	75537	735	1284	148714	149139
8.其它收入	220283	248401	83023	133321	4422	1030	132838	114050
本年经费使用总额	1690323	1802717	887595	878123	13285	16291	789443	908302
#学术活动费	702612	754669	355248	372022	3198	7508	344166	375139
科普活动费(含青少年科技活动费)	96188	99420	39526	30194	1077	62	55585	69163

3－4 各省级科协经费筹集与使用

单位：千元

地　区	本年经费筹集总额	同级财政补助	#科普经费	上级科协项目补助	#科普经费	事业收入
合　计	**1866687**	**1183377**	**456499**	**92402**	**59133**	**352700**
北　京	235788	165655	46480	38821	23238	14614
天　津	98395	47888	11200	737	737	49080
河　北	44486	26759	8020	1214	914	12322
山　西	39663	31587	16272	935	660	7063
内蒙古	33104	31345	14630	0	0	1049
辽　宁	35905	28041	16800	402	402	270
吉　林	69759	64750	57736	755	755	0
黑龙江	32880	26987	2137	59	0	1581
上　海	168162	65033	18819	9999	4341	83170
江　苏	68032	43000	20000	0	0	6742
浙　江	25767	24642	7972	0	0	0
安　徽	30538	24394	15133	3799	3799	0
福　建	82325	57302	25350	1244	290	11045
江　西	63622	20735	13841	1399	862	37090
山　东	79048	50047	37200	0	0	11951
河　南	37730	21518	5100	1016	554	2118
湖　北	33970	22843	15636	148	148	10491
湖　南	64956	63317	7081	0	0	0
广　东	144772	65698	19338	2716	2716	68877
广　西	52217	34682	9773	827	400	12423
海　南	7518	7146	927	358	150	9
重　庆	139646	48984	14326	5000	5000	3597
四　川	57315	33657	7220	3435	3435	7752
贵　州	27951	26984	6000	729	0	0
云　南	37453	22121	7000	2417	424	9116
西　藏	15712	9946	3504	5766	4000	0
陕　西	28990	23066	5675	410	410	1718
甘　肃	19088	17576	5520	1419	817	93
青　海	7782	7782	1650	0	0	0
宁　夏	27467	21647	3050	1661	230	0
新　疆	54807	46845	31910	6696	4500	528
新疆建设兵团	1839	1400	1200	439	350	0

3－4 续表

单位：千元

地 区	经营收入	其它收入	本年经费使用总额	#科普经费	#青少年科技活动费	#科普设施建设费
合 计	**169599**	**68608**	**1573638**	**505628**	**45567**	**28918**
北 京	6297	10401	174204	81211	9189	0
天 津	0	690	20460	10200	400	0
河 北	2788	1403	40560	15584	450	900
山 西	0	78	45010	15672	1004	2000
内蒙古	0	710	21554	10513	1156	818
辽 宁	7156	35	32736	10274	1682	6400
吉 林	1894	2360	27468	13046	1036	218
黑龙江	2666	1587	32908	2137	0	0
上 海	0	9960	134371	23100	3000	3000
江 苏	15397	2893	65020	20000	5159	0
浙 江	0	1125	25276	6963	298	0
安 徽	0	2344	28454	17525	1188	0
福 建	0	12734	65598	23328	2229	6074
江 西	2453	1945	64078	15570	1197	987
山 东	17050	0	91803	60679	1987	0
河 南	10651	2427	33945	5984	959	0
湖 北	350	138	33557	15772	1043	1827
湖 南	1519	120	64956	7081	665	220
广 东	5855	1626	126320	19378	2250	0
广 西	0	4285	53266	10187	1062	0
海 南	0	5	7264	1027	76	0
重 庆	74662	7402	121828	38781	2966	994
四 川	11803	668	56317	20217	272	0
贵 州	0	238	26053	5787	530	0
云 南	2002	1797	36554	9576	3008	1320
西 藏	0	0	9672	1401	50	0
陕 西	3765	31	27817	4525	560	1588
甘 肃	0	0	19088	6337	600	0
青 海	0	0	7782	1650	500	0
宁 夏	2973	1186	25467	1498	402	190
新 疆	318	421	52714	29427	400	2083
新疆建设兵团	0	0	1539	1200	250	300

3－5 各副省级城市科协、省会城市科协经费筹集与使用

单位：千元

城　　市	本年经费筹集总额	同级财政补助	#科普经费	上级科协项目补助	#科普经费	事业收入
合　　计	**405104**	**342213**	**170688**	**7970**	**3373**	**47171**
副省级城市小计	**306471**	**249993**	**123613**	**4971**	**1162**	**44799**
宁　　波*	19586	13800	5620	0	0	0
厦　　门*	10128	9957	2603	155	5	0
深　　圳*	9260	9260	9260	0	0	0
青　　岛*	11038	9028	8707	1690	0	113
大　　连*	13260	13260	1980	0	0	0
省会城市小计	**341831**	**286908**	**142518**	**6125**	**3368**	**47058**
石 家 庄	5300	5300	2000	0	0	0
太　　原	5499	5448	2360	51	0	0
呼和浩特	2731	2668	800	63	63	0
沈　　阳*	10120	9880	3350	240	157	0
长　　春*	5450	5450	2240	0	0	0
哈 尔 滨*	8741	8741	3795	0	0	0
南　　京*	17060	17060	10510	0	0	0
杭　　州*	19254	19254	6750	0	0	0
合　　肥	4747	4733	2855	14	0	0
福　　州	10037	10025	7403	0	0	0
南　　昌	2376	2290	2040	86	86	0
济　　南*	3800	1000	0	2800	1000	0
郑　　州	21159	18969	9240	0	0	2190
武　　汉*	40455	40455	33410	0	0	0
长　　沙	7847	7837	3992	10	10	0
广　　州*	120907	75436	25459	87	0	44686
南　　宁	5387	5306	0	50	50	0
海　　口	1086	926	699	100	100	0
成　　都*	10484	10484	5602	0	0	0
贵　　阳	6452	6131	3857	220	220	0
昆　　明	10853	9711	5630	959	871	182
拉　　萨	1834	704	40	770	770	0
西　　安*	6928	6928	4327	0	0	0
兰　　州	4203	4203	2760	0	0	0
西　　宁	1150	1150	1150	0	0	0
银　　川	1714	1684	900	30	30	0
乌鲁木齐	6258	5136	1350	645	11	0

注：城市名称后带“*”的为副省级城市，包括省会城市中带“*”的。

3－5 续表 单位：千元

城　　市	经营收入	其它收入	本年经费使用总额	#科普经费	#青少年科技活动费	#科普设施建设费
合　　计	**5946**	**1804**	**390370**	**171166**	**13554**	**14728**
副省级城市小计	**5786**	**921**	**294416**	**119533**	**10151**	**7940**
宁　　波*	5786	0	18569	5470	700	850
厦　　门*	0	15	9595	2372	470	80
深　　圳*	0	0	9260	9210	500	0
青　　岛*	0	208	2579	1690	30	70
大　　连*	0	0	13260	1980	400	300
省会城市小计	**160**	**1581**	**337108**	**150444**	**11454**	**13428**
石 家 庄	0	0	5300	2000	180	300
太　　原	0	0	5499	2650	300	0
呼和浩特	0	0	2618	650	50	0
沈　　阳*	0	0	9880	3500	220	1300
长　　春*	0	0	5450	2240	300	490
哈 尔 滨*	0	0	7362	2416	0	0
南　　京*	0	0	17060	10510	1500	3400
杭　　州*	0	0	19254	6750	450	0
合　　肥	0	0	4788	2848	390	300
福　　州	0	12	11252	8555	609	2200
南　　昌	0	0	2173	2013	45	500
济　　南*	0	0	3544	3544	3544	0
郑　　州	0	0	18757	9240	100	0
武　　汉*	0	0	40455	33410	650	1100
长　　沙	0	0	7847	3992	490	1640
广　　州*	0	698	120737	26513	948	0
南　　宁	0	31	5445	2181	330	0
海　　口	60	0	926	699	210	134
成　　都*	0	0	10484	5602	340	0
贵　　阳	0	101	4549	3036	55	0
昆　　明	0	1	11082	6333	350	0
拉　　萨	0	360	1834	1334	20	240
西　　安*	0	0	6928	4327	100	350
兰　　州	0	0	4127	2704	194	424
西　　宁	0	0	1150	1150	30	0
银　　川	0	0	1684	900	50	0
乌鲁木齐	100	377	6923	1350	0	1051

3－6 各地区地级科协经费筹集与使用

单位：千元

地 区	本年经费筹集总额	同级财政补助	#科普经费	上级科协项目补助	#科普经费	事业收入
合 计	**968842**	**897102**	**340062**	**46642**	**32230**	**10263**
北 京	42809	39247	28345	2817	2566	0
天 津	57442	55080	13529	985	832	1092
河 北	29678	29338	10039	244	110	0
山 西	17541	16508	6421	898	280	0
内蒙古	15546	13060	9038	2436	2308	50
辽 宁	48585	41885	16611	5541	3945	1012
吉 林	11231	10787	1499	354	309	85
黑龙江	18224	17959	1896	199	30	65
上 海	139794	130231	62382	1627	811	1267
江 苏	72663	65106	28191	2491	2151	4504
浙 江	44566	42991	20845	551	54	425
安 徽	32689	30473	11229	1993	420	1
福 建	20629	19490	8767	826	666	107
江 西	15998	13880	5609	1603	1075	0
山 东	35548	31939	10361	3085	2410	185
河 南	29761	29409	7261	183	45	119
湖 北	24206	23182	7695	230	67	400
湖 南	26864	26458	9851	170	160	50
广 东	92220	90149	22845	976	907	470
广 西	27624	24790	5678	2532	2066	102
海 南	665	665	420	0	0	0
重 庆	38231	35039	9133	1506	1444	0
四 川	38737	34896	11762	3001	1726	40
贵 州	10889	10076	3040	796	770	0
云 南	28888	24795	10263	3950	3170	0
西 藏	1135	635	600	500	0	0
陕 西	13793	13329	6218	420	205	0
甘 肃	14183	11535	3922	2400	103	210
青 海	1091	991	275	25	15	70
宁 夏	2511	2159	599	350	162	0
新 疆	10543	7869	3982	2544	2524	7
新疆建设兵团	4562	3152	1759	1410	900	0

3－6 续表

单位：千元

地　区	经营收入	其它收入	本年经费使用总额	#科普经费	#青少年科技活动费	#科普设施建设费
合　计	**814**	**14021**	**946871**	**363364**	**40045**	**54150**
北　京	0	745	42269	31079	2825	5838
天　津	132	152	63994	14443	1501	2932
河　北	0	95	29495	10219	363	607
山　西	0	136	15972	5440	615	630
内蒙古	0	0	15146	10572	856	674
辽　宁	103	44	46834	17834	1355	5259
吉　林	0	5	11180	6024	261	228
黑龙江	0	0	18348	2104	418	9
上　海	0	6668	134169	62818	8196	9638
江　苏	245	317	68489	29602	2092	2450
浙　江	0	599	37352	20909	3325	3132
安　徽	0	222	30638	8702	865	2176
福　建	0	206	20798	10054	1369	1560
江　西	0	514	15196	6660	676	1218
山　东	317	22	34374	13920	1513	1242
河　南	0	50	30081	7819	509	236
湖　北	0	393	23636	7865	1151	2156
湖　南	0	186	26644	11047	901	2636
广　东	0	625	96694	22315	3585	1253
广　西	0	199	25278	6323	880	360
海　南	0	0	623	420	50	0
重　庆	0	1686	39990	10746	1585	3385
四　川	0	800	35303	9994	1504	2364
贵　州	0	17	10341	3180	240	319
云　南	0	144	27747	13071	1578	360
西　藏	0	0	1143	1108	0	500
陕　西	0	44	14056	6445	395	1402
甘　肃	17	21	13159	3729	465	604
青　海	0	5	1216	287	41	36
宁　夏	0	2	2507	689	68	55
新　疆	0	122	9534	5132	334	169
新疆建设兵团	0	0	4665	2812	530	722

3－7　各地区县级科协经费筹集与使用

单位：千元

地区	本年经费筹集总额	同级财政补助	#科普经费	上级科协项目补助	#科普经费	事业收入
合　计	**1120408**	**959592**	**458685**	**136465**	**86606**	**5169**
北　京	4919	4694	3196	225	225	0
天　津	2136	1596	375	540	540	0
河　北	28145	25284	9686	2789	2001	40
山　西	17575	15951	7764	1495	548	20
内蒙古	15145	12897	8752	2248	1244	0
辽　宁	30020	20937	14177	8465	7249	465
吉　林	19555	17171	3127	1366	826	20
黑龙江	8439	7720	3529	465	411	0
上　海	2800	2800	2800	0	0	0
江　苏	112389	107129	56522	3763	2897	573
浙　江	146550	133368	72659	7612	4648	2286
安　徽	37432	32891	11682	3644	2462	0
福　建	68812	54833	26240	10860	7887	238
江　西	20584	17205	6493	2910	1720	60
山　东	45936	36084	19206	9170	5794	130
河　南	53186	49992	16152	2954	2364	120
湖　北	58159	48723	20183	7183	2919	92
湖　南	44947	39797	23003	4141	3518	77
广　东	78046	66354	46110	10888	3083	50
广　西	49396	41220	14396	7948	5019	25
海　南	6148	5116	2820	1029	939	0
重　庆	17566	13072	6780	2427	1777	90
四　川	62838	56102	27500	5994	3426	43
贵　州	34849	29472	8589	4774	4208	110
云　南	78643	58117	17104	19491	13085	0
西　藏	0	0	0	0	0	0
陕　西	22447	15855	9375	6567	4420	0
甘　肃	14885	11002	3582	3822	1540	0
青　海	3003	2520	1861	483	147	0
宁　夏	5649	3787	1497	1231	812	631
新　疆	30209	27901	13525	1983	898	100

3－7 续表

单位：千元

地区	经营收入	其它收入	本年经费使用总额	#科普经费	#青少年科技活动费	#科普设施建设费
合计	**343**	**18839**	**1112326**	**521196**	**68981**	**138733**
北京	0	0	4919	3421	50	1526
天津	0	0	2137	1155	43	300
河北	5	28	27042	10990	967	3341
山西	0	109	16135	9539	2465	1784
内蒙古	0	0	14425	8614	1283	2310
辽宁	0	154	23955	16244	1588	4517
吉林	85	913	16981	4105	634	1027
黑龙江	0	254	8577	4070	391	975
上海	0	0	2800	0	0	0
江苏	30	894	110377	60299	9403	18489
浙江	0	3283	175878	77242	7522	19885
安徽	8	890	38644	15089	2060	3714
福建	0	2881	63876	32692	4330	9789
江西	0	410	19488	7599	793	1611
山东	5	547	47252	26715	3426	11020
河南	0	120	57479	18345	2069	1714
湖北	74	2086	61187	23408	3235	5705
湖南	30	901	44456	26836	4106	7451
广东	36	719	68736	45719	5944	9948
广西	0	204	43836	16315	2162	5574
海南	0	3	5891	3303	390	787
重庆	0	1978	15784	7382	1353	1187
四川	41	658	61811	29126	4625	7025
贵州	0	493	31450	10119	1431	1890
云南	30	1005	76901	29040	3089	7785
西藏	0	0	53	30	3	20
陕西	0	25	21766	13225	1935	4296
甘肃	0	61	14340	6129	625	851
青海	0	0	2717	1493	273	430
宁夏	0	0	4981	1776	344	557
新疆	0	225	28453	11177	2444	3225

3-8 各地区省级学会经费筹集与使用

单位：千元

地 区	本年经费筹集总额	科协资助	挂靠单位资助	会费收入	捐赠	学会活动收入
合 计	**944904**	**40185**	**76694**	**169665**	**29166**	**323845**
北 京	100729	11266	4972	15836	330	31841
天 津	14718	536	3158	4176	426	2188
河 北	12257	746	1915	3468	145	2435
山 西	17171	838	2577	2850	286	4904
内蒙古	9162	73	960	208	7017	238
辽 宁	12239	684	1109	4958	570	1999
吉 林	10682	327	2727	2641	55	2274
黑龙江	7747	392	481	1979	11	3641
上 海	163385	3362	15428	25471	461	67350
江 苏	61043	3140	6190	12406	371	26577
浙 江	74078	2110	4095	8635	2231	40817
安 徽	25302	801	2196	3367	768	12387
福 建	44570	2972	3304	8345	2773	12936
江 西	19837	819	1254	3484	405	1922
山 东	29872	2323	873	8057	729	10427
河 南	7293	214	368	2543	25	1726
湖 北	12227	599	1710	2850	645	1502
湖 南	44872	251	4775	5857	4518	11543
广 东	110668	835	1151	21736	2184	41658
广 西	18676	455	1978	2468	115	6130
海 南	4104	106	550	1192	197	967
重 庆	30345	2276	1725	4666	1921	11119
四 川	20741	193	1150	2566	40	10085
贵 州	16599	199	2920	2909	742	2854
云 南	26221	1062	3579	5465	766	5598
西 藏	1168	132	145	46	90	37
陕 西	14983	1438	1975	3502	169	3420
甘 肃	7384	349	715	1377	261	749
青 海	6409	0	901	1498	0	408
宁 夏	7772	589	678	854	69	1606
新 疆	12649	1100	1134	4257	847	2506

3-8 续表

单位：千元

地区	科技期刊收入	承担委托项目收入	其它收入	本年经费使用总额	#学术活动费	#科普活动费
合计	**42159**	**149139**	**114050**	**908302**	**375139**	**69163**
北京	5775	21637	9072	95018	38243	11246
天津	1022	1076	2137	11738	5633	755
河北	3	1173	2372	13801	3212	668
山西	351	3936	1429	16286	6539	621
内蒙古	0	550	116	1595	868	257
辽宁	372	1506	1041	11243	5234	1489
吉林	355	1043	1259	9629	4171	1613
黑龙江	440	91	710	10167	4193	390
上海	9815	21549	19949	135182	68857	10986
江苏	3679	2407	6274	55200	28795	5118
浙江	1289	7878	7024	61832	37279	2029
安徽	389	2880	2515	23064	14319	3233
福建	680	6746	6813	37825	15631	4339
江西	7564	2705	1684	12414	4129	980
山东	643	4163	2658	24648	12937	2016
河南	241	1541	636	5683	2828	66
湖北	254	3372	1296	9189	5568	620
湖南	458	11507	5964	137072	19476	3571
广东	727	21530	20847	92044	33568	3751
广西	598	4645	2287	13912	6389	1018
海南	160	608	323	5644	1601	543
重庆	207	5821	2611	28627	14257	2078
四川	2318	2152	2236	15524	10627	903
贵州	2471	3852	651	15088	5070	518
云南	848	5619	3284	23287	8983	4475
西藏	0	335	384	1473	961	230
陕西	827	1729	1922	13110	5857	1676
甘肃	60	2392	1481	6744	3281	1334
青海	334	2921	347	5542	1161	485
宁夏	0	742	3234	6520	1790	619
新疆	281	1035	1491	9201	3683	1540

四、学术交流

简要说明

一、本篇包括中国科协及全国学会、省级科协及所属省级学会、副省级城市科协、省会城市科协、地级科协、县级科协在境内（不含港、澳、台地区，下同）组织的各种学术交流活动情况。

二、本篇统计资料由四部分组成：（一）中国科协、省级科协学术交流活动情况。主要指标有：国内学术会议、国际学术会议、双边学术会议、同港澳台地区学术会议的次数、参加人数和交流论文数等。（二）副省级城市科协、省会城市科协学术交流活动情况。指标有举办学术交流活动和参加人数。（三）地级科协、县级科协学术交流活动情况。指标有举办学术交流活动和参加人数。（四）全国学会、省级学会学术交流活动情况。主要指标有：国内学术会议、国际学术会议、双边学术会议、同港澳台地区学术会议的次数、参加人数和交流论文数。

主要指标解释

国内学术会议 指为推动学科繁荣、科技进步、社会和经济发展，针对共同关心的科技理论和应用问题，在我国境内，由本单位主办（或第一主办）、主要由国内有关专家、学者及科技人员参加并提交学术论文的研讨会、交流会、报告会和论坛等。

学术年会 仅指本单位主办（或第一主办）的综合性、跨学科、开放式、大规模、高层次、制度化的国内学术会议（不含青年学术年会）。

国际学术会议 指为了解或掌握国际相关领域研究的最新动态，促进我国科技事业的发展，加强国际合作，提高我国在国际科技界的影响，在我国境内，本单位主办（或第一主办）以及受国际组织委托承办的，由三个或三个以上国家或地区（不含港、澳、台地区）的专家、学者及科技人员参加并提交学术论文的研讨会、报告会、交流会和论坛等。

举办学术交流活动 指本单位单独或牵头在境内（不含港、澳、台地区）举办的学术会议、讲座、论坛、报告等活动。

4－1　中国科协、省级科协学术交流活动汇总表

指　　标	合　　计		中国科协		省级科协	
	2008	2009	2008	2009	2008	2009
国内学术会议（次）	896	602	53	41	843	561
参加人数(人次)	137500	139557	4701	4576	132799	134981
#境外人员	414	296	63	77	351	219
交流论文(篇)	26511	19671	2881	1892	23630	17779
#境外人员论文	73	138	32	6	41	132
#学术年会(次)	19	63	3	3	16	60
参加人数(人次)	37502	48493	3041	2746	34461	45747
#境外人员	82	238	60	77	22	161
交流论文(篇)	5844	6501	1687	1852	4157	4649
#境外人员论文	35	115	30	6	5	109
国际学术会议(次)	41	44	11	9	30	35
参加人数(人次)	11394	9841	6558	3266	4836	6575
#境外人员	2422	2002	1628	1113	794	889
交流论文(篇)	5274	3905	4246	1929	1028	1976
#境外人员论文	1586	660	1276	183	310	477
双边学术会议(次)	6	22	0	2	6	20
参加人数(人次)	750	4431	0	181	750	4250
#境外人员	78	146	0	69	78	77
交流论文(篇)	159	170	0	23	159	147
#境外人员论文	44	47	0	9	44	38
同港、澳、台地区学术会议（次）	29	25	5	6	24	19
参加人数(人次)	4303	3134	700	900	3603	2234
#境外人员	906	576	300	140	606	436
交流论文(篇)	1153	1015	300	110	853	905
#境外人员论文	360	159	100	45	260	114
#同港、澳地区学术会议（次）	10	5	0	0	10	5
参加人数(人次)	500	300	0	0	500	300
#境外人员	200	97	0	0	200	97
交流论文(篇)	70	34	0	0	70	34
#境外人员论文	20	17	0	0	20	17
#海峡两岸学术会议(次)	17	19	5	6	12	13
参加人数(人次)	2643	2574	700	900	1943	1674
#境外人员	607	447	300	140	307	307
交流论文(篇)	739	931	300	110	439	821
#境外人员论文	308	132	100	45	208	87

4－2　副省级城市科协、省会城市科协、地级科协、县级科协学术交流活动汇总表

指　　标	合　计		副省级、省会城市科协		地级科协		县级科协	
	2008	2009	2008	2009	2008	2009	2008	2009
举办学术交流活动(次)	13926	13181	2004	2248	6068	5206	5854	5727
参加人数(万人次)	210	214	36	49	88	90	85	75

4-3 全国学会、省级学会学术交流活动汇总表

指标	合计		全国学会				省级学会	
			所属学会		委托管理学会			
	2008	2009	2008	2009	2008	2009	2008	2009
国内学术会议(次)	14344	14505	3172	3515	87	64	11085	10926
参加人数(人次)	1839528	1970840	490842	606688	13879	8972	1334807	1355180
#境外人员	8233	13755	4479	10088	47	20	3707	3647
交流论文(篇)	580059	714379	235974	373112	4514	3121	339571	338146
#境外人员论文	5617	8949	3245	7292	25	8	2347	1649
国际学术会议(次)	917	986	326	397	25	9	566	580
参加人数(人次)	196030	223824	105143	125518	4303	2202	86584	96104
#境外人员	41240	47384	26620	32670	869	623	13751	14091
交流论文(篇)	96007	101151	61092	70956	3292	1268	31623	28927
#境外人员论文	25568	28388	17392	20475	527	298	7649	7615
#国际组织系列学术会议(次)	132	156	64	78	7	4	61	74
参加人数(人次)	45838	60964	31894	41282	1190	400	12754	19282
#境外人员	16402	21697	12168	17758	230	179	4004	3760
交流论文(篇)	23789	31697	18228	25560	525	253	5036	5884
#境外人员论文	9217	13803	7739	12146	98	83	1380	1574
双边学术会议(次)	198	201	39	56	0	2	159	143
参加人数(人次)	16796	15243	4595	6530	0	154	12201	8559
#境外人员	2092	2084	1352	1514	0	23	740	547
交流论文(篇)	8061	6578	4444	3278	0	133	3617	3167
#境外人员论文	880	1246	617	1004	0	21	263	221
同港、澳、台地区学术会议(次)	231	259	44	74	0	0	187	185
参加人数(人次)	27539	36591	8810	8308	0	0	18729	28283
#境外人员	3272	5793	1622	2269	0	0	1650	3524
交流论文(篇)	11491	12993	3494	4032	0	0	7997	8961
#境外人员论文	1269	2223	605	1064	0	0	664	1159
#同港、澳地区学术会议(次)	59	70	2	9	0	0	57	61
参加人数(人次)	4589	12301	684	777	0	0	3905	11524
#境外人员	457	1259	119	207	0	0	338	1052
交流论文(篇)	1389	1786	523	369	0	0	866	1417
#境外人员论文	190	388	67	54	0	0	123	334
#海峡两岸学术会议(次)	105	141	40	56	0	0	65	85
参加人数(人次)	12770	15534	7761	6450	0	0	5009	9084
#境外人员	2148	2896	1334	1415	0	0	814	1481
交流论文(篇)	4650	5776	2836	3005	0	0	1814	2771
#境外人员论文	824	1412	490	857	0	0	334	555

4-4 各省级科协学术交流活动

地区	国内学术会议									
	次数(次)	参加人数(人次)	#境外人员	交流论文(篇)	#境外人员论文	#学术年会				
						次数(次)	参加人数(人次)	#境外人员	交流论文(篇)	#境外人员论文
合计	**561**	**134981**	**219**	**17779**	**132**	**60**	**45747**	**161**	**4649**	**109**
北京	9	1350	0	234	0	0	0	0	0	0
天津	10	1240	0	30	0	1	400	0	5	0
河北	5	609	0	302	0	0	0	0	0	0
山西	10	620	0	300	0	1	235	0	180	0
内蒙古	4	1500	0	191	0	1	200	0	191	0
辽宁	50	2500	0	1000	0	0	0	0	0	0
吉林	23	3500	0	391	0	0	0	0	0	0
黑龙江	5	1000	0	500	0	1	1000	0	260	0
上海	6	24400	50	1350	40	1	21000	20	1000	20
江苏	7	1630	0	41	0	0	0	0	0	0
浙江	15	300	0	200	0	0	0	0	0	0
安徽	43	14825	3	2031	3	0	0	0	0	0
福建	6	1070	0	81	0	1	850	0	3	0
江西	16	7520	0	204	0	0	0	0	0	0
山东	71	16000	0	2860	0	0	0	0	0	0
河南	32	12300	0	1320	0	1	10100	0	520	0
湖北	3	500	0	200	0	0	0	0	0	0
湖南	1	500	0	15	0	0	0	0	0	0
广东	73	20500	6	145	0	1	50	2	2	0
广西	2	145	2	42	0	0	0	0	0	0
海南	18	1777	0	563	0	0	0	0	0	0
重庆	118	11900	139	3915	80	44	8400	139	1815	80
四川	3	1818	0	358	0	0	0	0	0	0
贵州	3	450	0	20	0	0	0	0	0	0
云南	5	1200	0	500	0	1	300	0	88	0
西藏	1	400	0	270	0	0	0	0	0	0
陕西	1	100	0	50	0	0	0	0	0	0
甘肃	8	459	3	323	0	2	352	0	282	0
青海	2	8	0	2	0	0	0	0	0	0
宁夏	10	4260	16	91	9	4	2800	0	53	9
新疆	1	600	0	250	0	1	60	0	250	0
新疆建设兵团	0	0	0	0	0	0	0	0	0	0

4-4 续表 1

地 区	国际学术会议				
	次 数(次)	参加人数(人次)	#境外人员	交流论文(篇)	#境外人员论文
合 计	**35**	**6575**	**889**	**1976**	**477**
北 京	0	0	0	0	0
天 津	2	600	30	8	2
河 北	0	0	0	0	0
山 西	0	0	0	0	0
内蒙古	1	145	35	113	30
辽 宁	2	130	2	35	0
吉 林	1	220	100	188	40
黑龙江	0	0	0	0	0
上 海	6	1850	391	736	154
江 苏	1	600	103	106	102
浙 江	4	550	40	257	80
安 徽	0	0	0	0	0
福 建	1	180	46	46	5
江 西	2	300	20	120	20
山 东	1	5	2	5	0
河 南	0	0	0	0	0
湖 北	0	0	0	0	0
湖 南	0	0	0	0	0
广 东	1	300	5	10	5
广 西	1	100	12	35	3
海 南	2	220	4	25	0
重 庆	7	1215	87	270	29
四 川	0	0	0	0	0
贵 州	0	0	0	0	0
云 南	2	130	7	17	7
西 藏	1	30	5	5	0
陕 西	0	0	0	0	0
甘 肃	0	0	0	0	0
青 海	0	0	0	0	0
宁 夏	0	0	0	0	0
新 疆	0	0	0	0	0
新疆建设兵团	0	0	0	0	0

4-4 续表 2

地区	双边学术会议					同港、澳、台地区学术会议				
	次数(次)	参加人数(人次)	#境外人员	交流论文(篇)	#境外人员论文	次数(次)	参加人数(人次)	#境外人员	交流论文(篇)	#境外人员论文
合计	**20**	**4250**	**77**	**147**	**38**	**19**	**2234**	**436**	**905**	**114**
北京	0	0	0	0	0	0	0	0	0	0
天津	0	0	0	0	0	0	0	0	0	0
河北	0	0	0	0	0	0	0	0	0	0
山西	0	0	0	0	0	0	0	0	0	0
内蒙古	0	0	0	0	0	2	200	20	145	18
辽宁	0	0	0	0	0	0	0	0	0	0
吉林	0	0	0	0	0	1	50	8	24	6
黑龙江	3	300	0	30	0	1	130	0	13	0
上海	0	0	0	0	0	2	350	66	28	12
江苏	0	0	0	0	0	0	0	0	0	0
浙江	8	1050	48	50	32	2	250	87	30	15
安徽	0	0	0	0	0	0	0	0	0	0
福建	0	0	0	0	0	2	380	150	126	40
江西	0	0	0	0	0	0	0	0	0	0
山东	0	0	0	0	0	1	260	12	50	6
河南	0	0	0	0	0	0	0	0	0	0
湖北	0	0	0	0	0	0	0	0	0	0
湖南	0	0	0	0	0	1	14	0	2	0
广东	0	0	0	0	0	4	100	50	20	10
广西	0	0	0	0	0	0	0	0	0	0
海南	2	2300	22	50	0	1	200	23	191	7
重庆	0	0	0	0	0	0	0	0	0	0
四川	0	0	0	0	0	0	0	0	0	0
贵州	0	0	0	0	0	0	0	0	0	0
云南	7	600	7	17	6	0	0	0	0	0
西藏	0	0	0	0	0	0	0	0	0	0
陕西	0	0	0	0	0	1	120	0	76	0
甘肃	0	0	0	0	0	1	180	20	200	0
青海	0	0	0	0	0	0	0	0	0	0
宁夏	0	0	0	0	0	0	0	0	0	0
新疆	0	0	0	0	0	0	0	0	0	0
新疆建设兵团	0	0	0	0	0	0	0	0	0	0

4－4 续表 3

地区	#同港、澳地区学术会议 次数(次)	参加人数(人次)	#境外人员	交流论文(篇)	#境外人员论文	#海峡两岸学术会议 次数(次)	参加人数(人次)	#境外人员	交流论文(篇)	#境外人员论文
合计	**5**	**300**	**97**	**34**	**17**	**13**	**1674**	**307**	**821**	**87**
北京	0	0	0	0	0	0	0	0	0	0
天津	0	0	0	0	0	0	0	0	0	0
河北	0	0	0	0	0	0	0	0	0	0
山西	0	0	0	0	0	0	0	0	0	0
内蒙古	0	0	0	0	0	2	200	20	145	18
辽宁	0	0	0	0	0	0	0	0	0	0
吉林	0	0	0	0	0	1	50	8	24	6
黑龙江	0	0	0	0	0	1	130	0	13	0
上海	1	200	47	14	7	1	150	19	14	5
江苏	0	0	0	0	0	0	0	0	0	0
浙江	0	0	0	0	0	2	250	87	30	15
安徽	0	0	0	0	0	0	0	0	0	0
福建	0	0	0	0	0	2	380	150	126	40
江西	0	0	0	0	0	0	0	0	0	0
山东	0	0	0	0	0	0	0	0	0	0
河南	0	0	0	0	0	0	0	0	0	0
湖北	0	0	0	0	0	0	0	0	0	0
湖南	0	0	0	0	0	1	14	0	2	0
广东	4	100	50	20	10	0	0	0	0	0
广西	0	0	0	0	0	0	0	0	0	0
海南	0	0	0	0	0	1	200	3	191	3
重庆	0	0	0	0	0	0	0	0	0	0
四川	0	0	0	0	0	0	0	0	0	0
贵州	0	0	0	0	0	0	0	0	0	0
云南	0	0	0	0	0	0	0	0	0	0
西藏	0	0	0	0	0	0	0	0	0	0
陕西	0	0	0	0	0	1	120	0	76	0
甘肃	0	0	0	0	0	1	180	20	200	0
青海	0	0	0	0	0	0	0	0	0	0
宁夏	0	0	0	0	0	0	0	0	0	0
新疆	0	0	0	0	0	0	0	0	0	0
新疆建设兵团	0	0	0	0	0	0	0	0	0	0

4-5 各副省级城市科协、省会城市科协学术交流活动

城　　市	举办学术交流活动 (次)	参加人数 (人次)
合　　计	**2248**	**491970**
副省级城市小计	**1120**	**344767**
宁　　波*	52	10626
厦　　门*	4	600
深　　圳*	156	41754
青　　岛*	14	642
大　　连*	16	30000
省会城市小计	**2006**	**408348**
石 家 庄	10	7000
太　　原	71	3800
呼和浩特	2	60
沈　　阳*	58	63000
长　　春*	100	12050
哈 尔 滨*	30	5000
南　　京*	7	95000
杭　　州*	300	30000
合　　肥	20	10000
福　　州	22	2180
南　　昌	215	9899
济　　南*	33	820
郑　　州	620	85104
武　　汉*	140	19650
长　　沙	4	600
广　　州*	55	7525
南　　宁	12	2600
海　　口	3	181
成　　都*	50	8000
贵　　阳	35	4000
昆　　明	28	2000
拉　　萨	0	0
西　　安*	105	20100
兰　　州	17	1659
西　　宁	2	120
银　　川	42	13000
乌鲁木齐	25	5000

注：城市名称后带“*”的为副省级城市，包括省会城市中带“*”的。

4－6 各地区地级科协学术交流活动

地 区	举办学术交流活动（次）	参加人数（人次）
合 计	**5206**	**895311**
北 京	54	7580
天 津	50	2518
河 北	243	28108
山 西	203	13952
内蒙古	82	16700
辽 宁	191	32403
吉 林	16	3070
黑龙江	154	9150
上 海	631	80144
江 苏	545	64314
浙 江	97	54134
安 徽	206	52972
福 建	63	12154
江 西	75	7638
山 东	281	41936
河 南	559	70352
湖 北	205	37506
湖 南	58	8275
广 东	315	64300
广 西	62	5459
海 南	1	120
重 庆	78	10954
四 川	54	8139
贵 州	38	5550
云 南	156	13309
西 藏	3	130
陕 西	202	131582
甘 肃	226	52657
青 海	6	413
宁 夏	4	478
新 疆	82	11115
新疆建设兵团	266	48199

4－7 各地区县级科协学术交流活动

地 区	举办学术交流活动(次)	参加人数(人次)
合 计	**5727**	**752306**
北 京	0	0
天 津	0	0
河 北	126	10992
山 西	60	12694
内蒙古	65	7640
辽 宁	163	22866
吉 林	48	10624
黑龙江	125	13546
上 海	63	5000
江 苏	778	204642
浙 江	1032	97735
安 徽	182	13750
福 建	282	34494
江 西	141	9269
山 东	301	33121
河 南	206	15552
湖 北	253	36980
湖 南	453	42342
广 东	331	26646
广 西	66	6685
海 南	13	650
重 庆	70	6510
四 川	351	31791
贵 州	66	9823
云 南	114	11607
西 藏	0	0
陕 西	203	51575
甘 肃	169	23972
青 海	8	200
宁 夏	5	730
新 疆	53	10870

4-8 各地区省级学会学术交流活动

地 区	国内学术会议				
	次 数(次)	参加人数(人次)	#境外人员	交流论文(篇)	#境外人员论文
合 计	**10926**	**1355180**	**3647**	**338146**	**1649**
北 京	1060	135257	347	14619	137
天 津	477	63761	68	13657	13
河 北	421	40766	32	12706	5
山 西	292	26818	15	6762	6
内蒙古	43	6737	12	757	6
辽 宁	358	47819	76	11823	20
吉 林	335	53707	115	13786	23
黑龙江	155	12507	55	5999	39
上 海	1366	137581	620	26509	230
江 苏	552	87352	192	27847	261
浙 江	586	74885	327	21974	126
安 徽	333	37342	32	7068	13
福 建	494	51487	84	14476	39
江 西	211	23652	32	8896	17
山 东	492	45231	170	24394	101
河 南	92	14836	3	3588	3
湖 北	376	31929	37	8417	37
湖 南	553	70875	209	13753	77
广 东	496	102381	447	29041	111
广 西	141	16370	95	6764	30
海 南	49	4423	35	938	8
重 庆	577	116450	233	20662	95
四 川	276	29048	18	11607	15
贵 州	87	9695	28	2784	30
云 南	217	19949	17	7209	13
西 藏	43	1118	0	234	0
陕 西	382	45545	307	11950	98
甘 肃	177	19064	33	4008	15
青 海	60	4135	0	1066	0
宁 夏	88	13754	3	1061	76
新 疆	137	10706	5	3791	5

4－8 续表 1

地 区	国际学术会议									
	次 数(次)	参加人数(人次)	#境外人员	交流论文(篇)	#境外人员论文	#国际组织系列学术会议				
						次 数(次)	参加人数(人次)	#境外人员	交流论文(篇)	#境外人员论文
合 计	**580**	**96104**	**14091**	**28927**	**7615**	**74**	**19282**	**3760**	**5884**	**1574**
北 京	87	11972	1230	2389	373	3	563	70	553	3
天 津	21	3967	566	1005	93	3	700	40	9	0
河 北	7	327	15	227	0	2	30	2	20	0
山 西	9	268	35	90	15	0	0	0	0	0
内蒙古	0	0	0	0	0	0	0	0	0	0
辽 宁	22	2008	238	713	82	6	8	6	8	0
吉 林	10	983	234	332	32	1	40	25	15	8
黑龙江	4	1118	28	105	6	0	0	0	0	0
上 海	117	31179	3158	8062	3321	8	10301	589	1594	388
江 苏	23	5506	480	1588	333	3	999	82	328	38
浙 江	39	5745	982	1157	246	1	350	337	5	0
安 徽	3	489	25	65	33	1	240	17	46	14
福 建	9	1981	380	795	187	0	0	0	0	0
江 西	8	658	85	311	75	3	271	58	183	50
山 东	33	2561	173	2725	378	8	615	36	1120	294
河 南	0	0	0	0	0	0	0	0	0	0
湖 北	14	1996	295	1274	183	6	1049	188	557	134
湖 南	12	1646	365	616	76	3	26	10	25	5
广 东	24	4294	454	725	169	0	0	0	0	0
广 西	9	1107	216	421	109	0	0	0	0	0
海 南	7	630	124	123	45	1	100	26	50	20
重 庆	52	11085	3396	3206	753	10	1724	1470	54	3
四 川	9	640	160	438	96	0	0	0	0	0
贵 州	2	400	5	15	0	0	0	0	0	0
云 南	10	763	287	591	292	1	70	10	50	2
西 藏	2	52	2	6	2	1	52	2	4	2
陕 西	37	3584	658	1207	379	11	1483	325	653	288
甘 肃	2	661	467	610	325	2	661	467	610	325
青 海	0	0	0	0	0	0	0	0	0	0
宁 夏	6	354	21	91	10	0	0	0	0	0
新 疆	2	130	12	40	2	0	0	0	0	0

4－8 续表 2

地 区	双边学术会议					同港、澳、台地区学术会议				
	次 数(次)	参加人数(人次)	#境外人员	交流论文(篇)	#境外人员论文	次 数(次)	参加人数(人次)	#境外人员	交流论文(篇)	#境外人员论文
合 计	**143**	**8559**	**547**	**3167**	**221**	**185**	**28283**	**3524**	**8961**	**1159**
北 京	7	375	53	125	19	16	2588	135	585	79
天 津	17	516	36	40	4	5	640	160	55	13
河 北	2	32	0	24	0	0	0	0	0	0
山 西	3	36	1	14	1	2	215	50	56	20
内蒙古	5	48	7	8	2	0	0	0	0	0
辽 宁	6	80	12	32	0	2	74	22	17	2
吉 林	3	30	0	15	0	1	180	20	80	15
黑龙江	0	0	0	0	0	0	0	0	0	0
上 海	23	1765	67	133	16	20	2474	458	561	66
江 苏	7	619	84	90	44	6	500	72	124	48
浙 江	5	181	56	49	12	6	673	231	280	81
安 徽	3	240	0	160	0	0	0	0	0	0
福 建	0	0	0	0	0	32	3279	471	1242	204
江 西	0	0	0	0	0	2	81	20	25	10
山 东	8	2320	15	1909	18	12	3213	32	3269	4
河 南	0	0	0	0	0	1	140	30	30	10
湖 北	2	287	117	68	36	4	271	50	102	25
湖 南	2	1033	10	62	10	6	419	160	279	85
广 东	0	0	0	0	0	33	9930	1074	952	273
广 西	15	217	0	89	0	1	191	0	191	0
海 南	2	158	1	43	1	2	310	3	203	3
重 庆	21	355	73	136	47	13	597	60	188	46
四 川	0	0	0	0	0	1	417	114	78	35
贵 州	0	0	0	0	0	1	42	30	15	3
云 南	1	24	9	16	7	3	287	90	101	33
西 藏	2	51	0	24	0	1	8	1	1	1
陕 西	8	172	6	120	4	10	926	146	225	46
甘 肃	0	0	0	0	0	2	8	0	9	0
青 海	1	20	0	10	0	0	0	0	0	0
宁 夏	0	0	0	0	0	1	300	15	86	10
新 疆	0	0	0	0	0	2	520	80	207	47

4－8 续表 3

地 区	#同港、澳地区学术会议					#海峡两岸学术会议				
	次 数(次)	参加人数(人次)	#境 外人 员	交流论文(篇)	#境外人员论文	次 数(次)	参加人数(人次)	#境 外人 员	交流论文(篇)	#境外人员论文
合 计	**61**	**11524**	**1052**	**1417**	**334**	**85**	**9084**	**1481**	**2771**	**555**
北 京	4	177	30	87	0	6	1363	46	311	16
天 津	0	0	0	0	0	3	360	40	50	10
河 北	0	0	0	0	0	0	0	0	0	0
山 西	1	15	0	6	0	0	0	0	0	0
内蒙古	0	0	0	0	0	0	0	0	0	0
辽 宁	0	0	0	0	0	0	0	0	0	0
吉 林	0	0	0	0	0	1	180	20	80	15
黑龙江	0	0	0	0	0	0	0	0	0	0
上 海	7	740	117	92	13	9	1006	335	198	53
江 苏	2	80	35	52	36	4	420	37	72	12
浙 江	1	113	21	155	1	5	560	210	125	80
安 徽	0	0	0	0	0	0	0	0	0	0
福 建	3	258	7	34	6	28	2621	418	696	182
江 西	1	1	0	3	0	1	80	20	22	10
山 东	0	0	0	0	0	3	212	12	166	4
河 南	0	0	0	0	0	1	140	30	30	10
湖 北	0	0	0	0	0	3	119	29	42	13
湖 南	2	268	50	59	9	4	151	110	220	76
广 东	21	8473	643	535	164	4	455	40	88	25
广 西	0	0	0	0	0	1	191	0	191	0
海 南	1	30	0	12	0	1	280	3	191	3
重 庆	9	421	37	91	34	4	176	20	58	12
四 川	0	0	0	0	0	0	0	0	0	0
贵 州	0	0	0	0	0	0	0	0	0	0
云 南	1	12	6	6	3	0	0	0	0	0
西 藏	0	0	0	0	0	1	8	1	1	1
陕 西	5	473	13	109	13	5	402	110	113	33
甘 肃	1	3	0	2	0	0	0	0	0	0
青 海	0	0	0	0	0	0	0	0	0	0
宁 夏	1	300	15	86	10	0	0	0	0	0
新 疆	1	160	78	88	45	1	360	0	117	0

五、科学技术普及

简要说明

一、本篇包括中国科协及全国学会、省级科协及所属省级学会、副省级城市科协、省会城市科协、地级科协、县级科协组织的各种科学技术普及活动的情况。

二、本篇统计资料由五部分组成：（一）中国科协、省级科协科学技术普及活动情况。主要指标有：举办科普讲座、举办科普展览、发放科普宣传资料、播放科普广播、影视节目、开展科技咨询、举办实用技术培训、推广新技术、新品种、科普示范县（市区）等。（二）副省级城市科协、省会城市科协科普活动情况。主要指标有：举办科普讲座、举办科普展览、发放科普宣传资料、播放科普广播、影视节目、开展科技咨询、举办实用技术培训、推广新技术、新品种、科普示范县（市区）、科普示范街道（乡镇）、科普示范社区（村）、科普示范户等。（三）地级科协、县级科协科普活动情况。指标设置同第二部分。（四）全国学会、省级学会科普活动情况。主要指标有：举办科普讲座、举办科普展览、发放科普宣传资料、播放科普广播、影视节目、举办青少年科技竞赛、组织青少年参加国际竞赛、举办青少年科技夏、冬令营等。（五）中国科协、省级科协、副省级城市科协、省会城市科协、地级科协、县级科协青少年科技教育活动情况。主要统计各级科协开展青少年科技活动和设施建设的情况，以及各级科协青少年科技教育机构的人员、经费、办公用房和开展活动的情况。

三、科普示范县（市区）、科普示范街道（乡镇）、科普示范社区（村）、科普示范户等指标数据为年底时点数。

主要指标解释

举办科普讲座 指本单位单独和牵头组织的，以报告会、广播、电视、报刊、网络和其它形式举办的科普讲座和报告，向公众普及科学技术知识、传播科学思想、科学精神和科学方法。按专题统计，每个专题为一次。全国科普日、科技周、科技下乡、科教进社区期间组织的科普讲座按专题计数。

举办科普展览 指本单位单独和牵头组织的，以陈列实物及展示图片等形式举办的各类科普展览，向公众普及科学技术知识、传播科学思想、科学精神和科学方法。常设展览全年计为1次；临时展览和巡回展览均按专题进行统计，每个专题为1次。全国科普日、科技周、科技下乡、科教进社区期间组织的科普展览按专题计数。

举办专题展览 指将反映科技发展动态、社会重大事件、公众关注热点的专题科普展览相关资源，通过专题的形式进行巡回或临时展览，按专题进行统计，每个专题为1次。

发放科普宣传资料 指本单位单独和牵头组织的，依托重点科普活动，向公众免费发送的普及科学技术知识、传播科学思想、科学精神和科学方法的科普图书、报刊、手册等。

播放科普广播、影视节目 指截止本年12月31日本单位组织的通过电台、电视台或其它形式播放的科普类广播、影视节目。

开展科技咨询 指本单位在日常和重点科普活动期间（如全国科普日、科技周、科技下乡、科教进社区等）组织相关专业专家组成智力团体，以科学技术为依据，向社会和公众提供的智力服务。

举办实用技术培训 指本单位单独和牵头组织的，主要面向农村党员、基层干部，以传播、推广和普及适应农业和农村经济发展需求的先进实用技术为主要内容，通过现代远程教育等形式开展的培训。

参加活动工作人员总数 指参与全国科普日、科技周、科技下乡、科教进社区活动的全部工作人员，包括科协工作人员、学会工作人员、志愿者、被邀请的专家和科技专业人员等。

科普示范县（市、区） 指截止本年12月31日本单位命名的本级科普示范县级行政区划数。由命名单位填报统计数据。县级及县级以下科协不填报此指标。

科普示范街道（乡镇）/ 社区（村）/户 指截止本年12月31日本单位命名的科普示范街道（乡镇）/ 社区（村）/户。由命名单位填报统计数据。

举办青少年科技竞赛 由本单位独立举办或牵头组织举办的旨在推动青少年科技活动的蓬勃

开展，培养青少年的创新精神和实践能力，提高青少年的科技素质，鼓励优秀人才的涌现，推进科技普及发展的各类科技竞赛活动。

组织青少年参加国际竞赛 指选拔、培训并带领青少年参加国际科技竞赛的活动。省级学会不填报此指标。

参赛人数 指经过选拔、培训后参加青少年国际科技竞赛的人数。不含选拔赛的人数。

科普专题表：青少年科技教育

举办青少年科普讲座 指本单位单独和牵头组织的，以报告会、广播、电视、报刊、网络和其它形式举办的科普展览，面向青少年普及科学知识、传播科学思想、科学精神、科学方法。按专题进行统计，每个专题统计为1次。科普日、科技周、科技下乡期间组织的科普讲座按专题计数。

举办青少年科普展览 指本单位单独和牵头组织的，以陈列实物及展示图片等形式举办的各类展览，面向青少年普及科学知识、传播科学思想、科学精神、科学方法。常设展览全年计为1次；临时展览和巡回展览均按专题进行统计，每个专题为1次。科普日、科技周、科技下乡期间组织的科普展览按专题计数。

举办青少年科技竞赛 由本单位独立举办或牵头组织举办的旨在推动青少年科技活动的蓬勃开展，培养青少年的创新精神和实践能力，提高青少年的科技素质，鼓励优秀人才的涌现，推进科技普及发展的各类科技竞赛活动。

举办青少年科技创新大赛 由本单位独立举办或牵头组织举办的一项具有示范性和导向性的全国性青少年科技创新和科学研究项目的竞赛和展示活动。

组织青少年参加国际竞赛 指选拔、培训并带领青少年参加国际科技竞赛的活动。

参赛人数 指经过选拔、培训后参加青少年国际科技竞赛的人数。不含选拔赛的人数。

举办青少年科技教育培训 指本单位单独和牵头组织的，向青少年普及科学知识、实用技术和技能的培训活动。

编印青少年科技教育资料 指本单位编印的，以青少年科技教育为题材的论文集、画册、宣传资料、汇编等。

青少年科技教育机构 指主要从事青少年科技教育管理和活动的机关内设机构和直属事业单位，例如青少年部、青少年科技活动中心等。

从业人员 指在本单位工作并领取劳动报酬的在编和工作一年以上的非在编人员。

经费使用额 指青少年科技教育机构年内的经费支出总额。

科普设施建设和维护费 指青少年科技教育机构年内用于工作室、科普画廊、科技馆等青少年科普场馆和设施的建设和维护费用，包括基建费、展品开发和购置费等。

5－1 中国科协科学技术普及活动汇总表

指标	总合计		中国科协									
			小计		科普日		科技周		科技下乡		科教进社区	
	2008	2009	2008	2009	2008	2009	2008	2009	2008	2009	2008	2009
举办科普讲座(次)	148429	151108	225	343	0	2	20	30	0	0	0	0
#院士科普报告会	1686	1792	9	11	0	0	0	2	0	0	0	0
科普讲座受众人数(万人次)	9622	7730	11	18	0	0.06	0.4	0.7	0	0	0	0
举办科普展览(次)	68582	69168	106	85	6	4	20	2	0	0	0	0
#举办专题展览	17433	19488	55	42	2	4	0	1	0	0	0	0
科普展览受众人数(万人次)	14856	13809	330	276	8	1	0.4	1.4	0	0	0	0
发放科普宣传资料(万份)	18354	18475	6	24	6	0.5	0	2	0	0	0	0
播放科普广播、影视节目(小时)	30617	63126	152	330	4	0	0	0	74	0	74	0
#电台、电视台播放科普节目	15981	35693	152	327	4	0	0	0	74	0	74	0
开展科技咨询(次)	254572	270477	0	130	0	0	0	12	0	0	0	0
举办实用技术培训(次)	194904	202558	1	120	0	0	0	120	0	0	0	0
培训人数(万人次)	3037	3461	0.003	2	0	0	0	2	0	0	0	0
推广新技术、新品种(项)	35651	37933	0	6	0	0	0	6	0	0	0	0
参加活动工作人员总数(人次)	1525929	1606739	7880	8916	515	150	100	70	0	0	0	0
#专家人数	334572	404754	65	230	2	50	60	40	0	0	0	0
参加活动的所属学会、协会、研究会(个次)	57626	77734	27	71	27	28	0	30	0	0	0	0
科技下乡、科教进社区次数(次)	115320	123002	0	0	—	0	—	0	0	0	0	0
覆盖村(个次)	288031	320456	0	25	0	0	0	25	0	0	0	0
覆盖社区(个次)	58717	63786	0	0	0	0	0	0	0	0	0	0
科普示范县(市、区)(个)	—	—	713	713	—	—	—	—	—	—	—	—

5－2 省级科协科学技术普及活动汇总表

指 标	省级科协									
	小计		科普日		科技周		科技下乡		科教进社区	
	2008	2009	2008	2009	2008	2009	2008	2009	2008	2009
举办科普讲座(次)	2904	2808	341	233	242	440	333	321	296	359
#院士科普报告会	80	131	30	28	5	14	1	2	3	56
科普讲座受众人数(万人次)	259	424	46	22	12	22	26	30	24	25
举办科普展览(次)	2469	1920	169	151	132	300	892	560	243	220
#举办专题展览	478	446	62	56	64	58	191	100	101	77
科普展览受众人数(万人次)	790	1045	100	81	96	104	219	192	130	68
发放科普宣传资料(万份)	514	552	88	89	144	91	147	83	60	69
播放科普广播、影视节目(小时)	1617	1719	303	73	58	133	207	20	204	35
#电台、电视台播放科普节目	267	806	59	22	34	22	29	11	26	3
开展科技咨询(次)	1398	850	298	82	186	274	492	274	237	110
举办实用技术培训(次)	1218	1298	178	53	108	88	487	737	204	196
培训人数(万人次)	31	24	6	1	2	2	12	17	3	1
推广新技术、新品种(项)	437	877	55	153	54	19	284	131	5	14
参加活动工作人员总数(人次)	33979	45476	6265	5629	5994	3253	6527	5209	3961	2429
#专家人数	11023	8526	2539	1832	1751	652	2379	2034	1587	590
参加活动的所属学会、协会、研究会(个次)	1442	1771	509	381	257	238	330	402	237	134
科技下乡、科教进社区次数(次)	2483	1164	—	—	—	—	2038	783	445	381
覆盖村(个次)	9840	7409	521	106	1620	64	7211	3216	—	—
覆盖社区(个次)	1685	6245	180	342	227	299	—	—	839	1396
科普示范县(市、区)(个)	684	685	—	—	—	—	—	—	—	—

5－3 副省级、省会城市科协科学技术普及活动汇总表

指标	小计		副省级、省会城市科协							
			科普日		科技周		科技下乡		科教进社区	
	2008	2009	2008	2009	2008	2009	2008	2009	2008	2009
举办科普讲座(次)	5014	4434	283	436	325	372	976	763	2757	2193
#院士科普报告会	73	90	26	26	15	23	3	1	4	7
科普讲座受众人数(万人次)	213	123	26	19	16	11	34	13	71	38
举办科普展览(次)	1479	1165	125	166	121	143	200	247	308	288
#举办专题展览	472	250	60	41	79	44	68	28	175	100
科普展览受众人数(万人次)	664	325	69	80	49	73	68	29	44	41
发放科普宣传资料(万份)	363	251	54	35	81	40	58	64	86	46
播放科普广播、影视节目(小时)	502	1050	7	27	6	147	10	26	29	82
#电台、电视台播放科普节目	235	843	7	15	4	131	2	4	4	58
开展科技咨询(次)	961	1183	151	155	213	175	151	385	349	173
举办实用技术培训(次)	1144	1823	73	79	89	108	504	957	145	88
培训人数(万人次)	20	21	2	2	2	3	8	11	2	1
推广新技术、新品种(项)	260	591	42	38	65	70	97	330	25	26
参加活动工作人员总数(人次)	19148	20606	4355	3827	3285	3017	3188	5736	3660	2539
#专家人数	5765	5099	1694	657	1620	701	1173	1880	967	568
参加活动的所属学会、协会、研究会(个次)	1421	1833	591	410	390	412	172	164	168	406
科技下乡、科教进社区次数(次)	3343	3090	—	—	—	—	809	687	2534	2403
覆盖村(个次)	1586	2377	411	385	211	247	1625	1525	—	—
覆盖社区(个次)	2334	1637	262	133	376	286	—	—	686	802
科普示范县(市、区)(个)	94	103	—	—	—	—	—	—	—	—
科普示范街道(乡镇)(个)	419	520	—	—	—	—	—	—	—	—
科普示范社区(村)(个)	2265	1640	—	—	—	—	—	—	—	—
科普示范户(个)	1703	2143	—	—	—	—	—	—	—	—

5－4　地级科协科学技术普及活动汇总表

指　　标	小计		地级科协							
			科普日		科技周		科技下乡		科教进社区	
	2008	2009	2008	2009	2008	2009	2008	2009	2008	2009
举办科普讲座(次)	25507	26559	2916	3543	5530	5188	3917	3106	6475	5593
#院士科普报告会	286	337	58	96	99	89	4	6	15	35
科普讲座受众人数(万人次)	1110	1107	145	145	148	184	200	155	140	162
举办科普展览(次)	11309	12988	1432	1797	2043	2131	2054	2101	2499	2247
#举办专题展览	2898	3309	597	706	670	828	573	654	682	770
科普展览受众人数(万人次)	2123	2595	280	384	308	388	402	367	309	284
发放科普宣传资料(万份)	2833	2969	572	652	599	706	836	756	508	466
播放科普广播、影视节目(小时)	6126	14158	551	620	493	937	907	1220	757	2159
#电台、电视台播放科普节目	2358	7578	316	298	312	362	442	539	380	554
开展科技咨询(次)	26660	31572	5101	6259	5527	5274	9010	9490	2929	3188
举办实用技术培训(次)	35446	26361	1429	1658	1764	2426	9462	6862	4393	1679
培训人数(万人次)	474	627	39	47	41	45	167	151	34	27
推广新技术、新品种(项)	5439	7560	724	1008	743	917	2154	2810	355	372
参加活动工作人员总数(人次)	281403	242395	54983	47228	53553	55256	84650	59553	34886	30272
#专家人数	51517	63501	11039	13256	11538	13153	14720	18750	7805	7103
参加活动的所属学会、协会、研究会(个次)	11660	15953	3469	4396	3139	3812	2381	3802	1578	1893
科技下乡、科教进社区次数(次)	14119	13141	—	—	—	—	9077	8184	5042	4957
覆盖村(个次)	25401	39616	4326	7953	4597	7563	14962	18821	—	—
覆盖社区(个次)	10006	14319	3871	3555	2402	3758	—	—	4507	4600
科普示范县(市、区)(个)	379	514	—	—	—	—	—	—	—	—
科普示范街道(乡镇)(个)	2163	2872	—	—	—	—	—	—	—	—
科普示范社区(村)(个)	5309	8134	—	—	—	—	—	—	—	—
科普示范户(个)	191068	201336	—	—	—	—	—	—	—	—

5－5　县级科协科学技术普及活动汇总表

指　　标	县级科协									
	小计		科普日		科技周		科技下乡		科教进社区	
	2008	2009	2008	2009	2008	2009	2008	2009	2008	2009
举办科普讲座(次)	86356	86715	8331	8763	11639	11985	27366	26547	15393	18002
#院士科普报告会	687	641	177	176	147	138	194	109	65	106
科普讲座受众人数(万人次)	4695	4765	507	539	741	683	1200	1224	485	542
举办科普展览(次)	43874	46227	5331	5760	7252	7387	10908	11855	7103	8370
#举办专题展览	11295	12960	2191	2597	2824	2883	3190	3320	2385	3269
科普展览受众人数(万人次)	7844	7183	1022	1146	1394	1328	1735	1728	854	918
发放科普宣传资料(万份)	10946	11277	2048	2174	2423	2451	3947	4062	1396	1501
播放科普广播、影视节目(小时)	21068	42987	1849	2906	1895	4826	4582	11344	2937	6669
#电台、电视台播放科普节目	12451	24751	744	1485	822	2451	2651	4591	1200	3355
开展科技咨询(次)	225553	236742	28336	43968	39703	43021	110243	95310	33142	28829
举办实用技术培训(次)	157095	172956	9794	10357	14639	15476	83294	86362	12023	17641
培训人数(万人次)	2512	2787	226	205	289	296	1286	1560	152	220
推广新技术、新品种(项)	29515	28899	4175	3131	4842	4388	13006	13408	1520	1812
参加活动工作人员总数(人次)	1031610	1053454	163005	194040	193509	211204	403845	384785	143652	140304
#专家人数	215296	214437	32767	32195	45475	42618	86184	87543	28868	27929
参加活动的所属学会、协会、研究会(个次)	43076	58106	10185	12431	10172	12820	11743	18258	4965	7626
科技下乡、科教进社区次数(次)	81821	89024	—	—	—	—	55427	61244	26394	27780
覆盖村(个次)	251204	271029	40053	44538	63685	52166	129906	146015	—	—
覆盖社区(个次)	44692	41585	9542	12948	10363	11763	—	—	17201	18334
科普示范县(市、区)(个)	—	—	—	—	—	—	—	—	—	—
科普示范街道(乡镇)(个)	7344	7885	—	—	—	—	—	—	—	—
科普示范社区(村)(个)	45606	51003	—	—	—	—	—	—	—	—
科普示范户(个)	2081396	2258343	—	—	—	—	—	—	—	—

5－6 全国学会科学技术普及活动汇总表

指 标	学会合计		所属学会									
			小计		科普日		科技周		科技下乡		科教进社区	
	2008	2009	2008	2009	2008	2009	2008	2009	2008	2009	2008	2009
举办科普讲座(次)	28423	30249	4018	5180	416	444	283	502	359	766	201	1191
#院士科普报告会	551	582	182	187	14	38	4	27	16	10	1	59
科普讲座受众人数(万人次)	3334	1293	1979	436	18	18	36	21	17	164	1824.3	47
举办科普展览(次)	9345	6783	797	754	262	123	243	118	26	138	42	101
#举办专题展览	2235	2481	215	259	40	59	35	69	9	25	21	31
科普展览受众人数(万人次)	3105	2385	1258	780	49	55	46	277	5	64	26	133
发放科普宣传资料(万份)	3692	3402	357	666	16	16	40	17	26	299	204	122
播放科普广播、影视节目(小时)	1152	2882	109	280	4	33	1	8	0.08	7	0.43	131
#电台、电视台播放科普节目	518	1388	60	219	3	1	1	8	0.05	6	0.38	122
参加活动工作人员总数(人次)	151909	235892	26771	36056	4673	3826	6644	3577	6237	4883	2147	1033
#专家人数	50906	112961	5766	20058	1068	1131	931	892	714	1430	765	572
科技下乡、科教进社区次数(次)	13554	16583	2085	1191	—	—	—	—	1919	737	166	454
举办青少年科技竞赛(次)	607	636	64	85	—	—	—	—	—	—	—	—
参赛人数(万人次)	293	363	106	164	—	—	—	—	—	—	—	—
组织青少年参加国际竞赛(次)	10	9	10	9	—	—	—	—	—	—	—	—
参赛人数(人次)	10165	258	10165	258	—	—	—	—	—	—	—	—
获奖人数(人次)	52	123	52	123	—	—	—	—	—	—	—	—
举办青少年科技夏冬令营(次)	395	353	30	75	—	—	—	—	—	—	—	—
参加人数(人次)	73528	64381	3642	5246	—	—	—	—	—	—	—	—

5-6 续表

指　　标	小计		委托管理学会							
			科普日		科技周		科技下乡		科教进社区	
	2008	2009	2008	2009	2008	2009	2008	2009	2008	2009
举办科普讲座(次)	85	38	4	19	4	5	0	0	32	9
#院士科普报告会	0	3	0	0	0	0	0	0	0	2
科普讲座受众人数(万人次)	16	0.5	0.11	0.2	0.04	0.09	0	0	15	0.2
举办科普展览(次)	32	14	0	2	1	2	0	0	22	6
#举办专题展览	26	12	0	1	1	1	0	0	22	6
科普展览受众人数(万人次)	20	20	0	0.1	2	0.2	0	0	18	15
发放科普宣传资料(万份)	61	2	0.06	2	0	0.3	0	0	60	0.1
播放科普广播、影视节目(小时)	0	3	0	2	0	0.08	0	0	0	0.5
#电台、电视台播放科普节目	0	2	0	0	0	0	0	0	0	0
参加活动工作人员总数(人次)	939	587	55	336	100	40	0	0	390	130
#专家人数	298	375	45	203	50	28	0	0	140	94
科技下乡、科教进社区次数(次)	400	0	—	—	—	—	—	—	400	0
举办青少年科技竞赛(次)	14	1	—	—	—	—	—	—	—	—
参赛人数(万人次)	0.07	0.02	—	—	—	—	—	—	—	—
组织青少年参加国际竞赛(次)	0	0	—	—	—	—	—	—	—	—
参赛人数(人次)	0	0	—	—	—	—	—	—	—	—
获奖人数(人次)	0	0	—	—	—	—	—	—	—	—
举办青少年科技夏冬令营(次)	0	0	—	—	—	—	—	—	—	—
参加人数(人次)	0	0	—	—	—	—	—	—	—	—

5－7 省级学会科学技术普及活动汇总表

指　标	小计		省级学会							
			科普日		科技周		科技下乡		科教进社区	
	2008	2009	2008	2009	2008	2009	2008	2009	2008	2009
举办科普讲座(次)	24320	25031	2171	2614	2731	2744	6337	4628	6088	5316
#院士科普报告会	369	392	78	93	62	49	14	25	55	43
科普讲座受众人数(万人次)	1340	856	101	92	92	188	237	182	622	158
举办科普展览(次)	8516	6015	1548	838	2002	955	999	882	1653	827
#举办专题展览	1994	2210	359	393	363	358	237	225	563	353
科普展览受众人数(万人次)	1827	1585	219	385	313	330	264	116	578	89
发放科普宣传资料(万份)	3274	2734	226	508	343	211	965	784	310	316
播放科普广播、影视节目(小时)	1043	2599	95	265	125	358	138	478	168	324
#电台、电视台播放科普节目	458	1167	11	128	17	61	62	53	42	70
参加活动工作人员总数(人次)	124199	199249	16615	33046	17698	25222	24608	63629	14919	27431
#专家人数	44842	92528	6173	18315	6013	10328	9022	32247	5196	11173
科技下乡、科教进社区次数(次)	11069	15392	—	—	—	—	7103	7771	3966	7621
举办青少年科技竞赛(次)	529	550	—	—	—	—	—	—	—	—
参赛人数(万人次)	187	199	—	—	—	—	—	—	—	—
组织青少年参加国际竞赛(次)	—	—	—	—	—	—	—	—	—	—
参赛人数(人次)	—	—	—	—	—	—	—	—	—	—
获奖人数(人次)	—	—	—	—	—	—	—	—	—	—
举办青少年科技夏冬令营(次)	365	278	—	—	—	—	—	—	—	—
参加人数(人次)	69886	58955	—	—	—	—	—	—	—	—

5－8 各省级科协科学技术普及活动

地区	举办科普讲座									
	合计(次)	科普日(次)	科技周(次)	科技下乡(次)	科教进社区(次)	合计(次)	#院士科普报告会			
							科普日(次)	科技周(次)	科技下乡(次)	科教进社区(次)
合计	**2808**	**233**	**440**	**321**	**359**	**131**	**28**	**14**	**2**	**56**
北京	446	4	243	22	127	65	0	2	0	53
天津	60	7	13	10	7	5	1	3	0	1
河北	15	8	3	0	0	0	0	0	0	0
山西	156	3	1	8	5	4	0	0	0	0
内蒙古	10	3	1	1	0	0	0	0	0	0
辽宁	114	2	0	0	0	0	0	0	0	0
吉林	100	1	0	40	15	3	0	0	0	0
黑龙江	41	8	6	12	6	0	0	0	0	0
上海	136	13	29	9	11	2	0	0	0	0
江苏	110	7	12	35	20	0	0	0	0	0
浙江	10	0	0	2	0	0	0	0	0	0
安徽	34	3	2	5	1	2	0	1	0	0
福建	197	38	2	1	3	7	7	0	0	0
江西	137	18	23	36	18	3	3	0	0	0
山东	130	0	7	0	0	0	0	0	0	0
河南	12	0	0	0	0	0	0	0	0	0
湖北	80	20	5	3	5	5	2	1	1	1
湖南	5	0	0	2	0	0	0	0	0	0
广东	147	5	6	7	39	11	2	3	0	0
广西	100	18	10	3	2	0	0	0	0	0
海南	98	15	10	20	5	0	0	0	0	0
重庆	181	20	28	18	27	13	12	0	0	0
四川	17	0	0	17	0	0	0	0	0	0
贵州	27	3	1	2	1	0	0	0	0	0
云南	80	1	2	10	30	4	1	2	0	1
西藏	51	3	8	32	5	0	0	0	0	0
陕西	164	14	8	11	13	2	0	0	1	0
甘肃	74	11	14	8	10	1	0	0	0	0
青海	23	3	3	5	4	0	0	0	0	0
宁夏	33	5	3	2	5	2	0	2	0	0
新疆	18	0	0	0	0	2	0	0	0	0
新疆建设兵团	2	0	0	0	0	0	0	0	0	0

5-8 续表 1

地区	举办科普展览									
	合计(次)	科普日(次)	科技周(次)	科技下乡(次)	科教进社区(次)	合计(次)	#举办专题展览			
							科普日(次)	科技周(次)	科技下乡(次)	科教进社区(次)
合计	**1920**	**151**	**300**	**560**	**220**	**446**	**56**	**58**	**100**	**77**
北京	170	13	110	1	2	30	5	3	1	0
天津	9	1	1	1	2	3	1	1	1	0
河北	9	1	1	3	3	2	1	1	0	0
山西	141	5	2	61	10	4	1	1	2	0
内蒙古	57	2	2	1	6	6	1	0	0	5
辽宁	70	4	3	0	0	27	4	3	0	0
吉林	11	0	1	0	0	2	0	1	0	0
黑龙江	43	6	5	11	6	20	5	5	3	5
上海	15	3	5	1	2	0	0	0	0	0
江苏	160	6	4	128	21	45	2	2	18	10
浙江	10	1	1	1	0	3	1	1	1	0
安徽	10	2	1	1	0	5	1	1	1	0
福建	37	9	2	2	13	7	1	0	0	0
江西	60	8	4	17	27	26	4	3	13	6
山东	30	1	1	1	0	3	1	1	1	0
河南	12	0	0	0	0	6	0	0	0	0
湖北	15	2	1	1	1	4	1	1	0	0
湖南	7	2	3	1	0	3	0	2	1	0
广东	261	3	12	144	20	6	1	1	0	3
广西	65	8	7	22	24	31	6	6	11	5
海南	21	6	5	7	2	0	0	0	0	0
重庆	14	3	1	1	1	9	2	1	1	1
四川	4	0	0	4	0	0	0	0	0	0
贵州	34	2	2	0	0	25	2	2	0	0
云南	35	3	5	6	6	15	1	3	1	5
西藏	95	1	8	76	5	1	1	0	0	0
陕西	152	11	3	7	10	13	7	3	3	0
甘肃	199	37	70	13	22	42	0	0	0	0
青海	60	4	7	19	11	34	2	4	17	11
宁夏	44	4	22	7	5	10	2	1	2	5
新疆	69	3	10	23	21	63	3	10	23	21
新疆建设兵团	1	0	1	0	0	1	0	1	0	0

5-8 续表 2

地 区	科普讲座受众人数					科普展览受众人数				
	合 计（人次）	科普日（人次）	科技周（人次）	科技下乡（人次）	科教进社 区（人次）	合 计（人次）	科普日（人次）	科技周（人次）	科技下乡（人次）	科教进社 区（人次）
合 计	**4238301**	**222410**	**218295**	**295315**	**247370**	**10454771**	**809550**	**1040444**	**1921900**	**678910**
北 京	1066570	6000	102135	6200	97710	2873385	30000	59964	1000	4000
天 津	13150	650	1200	4400	650	86500	15000	15000	15000	30000
河 北	6800	4650	1150	0	0	105000	10000	20000	25000	30000
山 西	106700	1200	200	8000	10000	428000	35500	9000	125500	40000
内蒙古	1080	300	120	100	0	36164	4000	3200	1500	3900
辽 宁	151600	800	0	0	0	158200	8000	18000	0	0
吉 林	99000	500	0	12000	2800	180000	0	30000	0	0
黑龙江	350000	8000	7000	9000	3000	600000	30000	100000	160000	55000
上 海	34520	4000	11000	2500	5500	140500	25000	50000	5000	20000
江 苏	112300	12000	11000	38000	20000	403000	70000	50000	260000	20000
浙 江	5600	0	0	600	0	419700	1500	900	1300	0
安 徽	28000	300	2000	20000	500	8500	5000	1000	500	0
福 建	53450	19000	300	50	600	698000	40000	22700	24000	4000
江 西	82950	5100	10200	18000	38250	210000	35000	19000	65000	75000
山 东	35000	0	5000	0	0	15000	3000	3500	5500	0
河 南	500500	0	0	0	0	80000	0	0	0	0
湖 北	40000	10000	5000	3000	5000	85000	20000	8000	12000	5000
湖 南	4000	0	0	1000	0	25100	5000	5100	10000	0
广 东	68400	2000	4000	1600	5800	1254540	56000	107280	800600	55580
广 西	120801	3200	2930	620	435	377030	18450	86300	79000	63030
海 南	70000	15000	10000	20000	5000	60000	15000	10000	20000	5000
重 庆	69500	6500	9200	18100	18500	470500	150000	57000	98500	65000
四 川	1330	0	0	1330	0	4500	0	0	4500	0
贵 州	12200	1370	460	910	460	31000	3000	4000	0	0
云 南	35210	800	1000	2600	12505	111200	16000	18500	31000	9100
西 藏	53300	25000	3700	18000	5100	53200	5000	12000	32000	1500
陕 西	100540	81380	3100	3000	2960	194400	73100	14300	35000	5000
甘 肃	891000	12000	22600	98405	5000	825652	119000	267200	34000	66000
青 海	15000	860	800	6100	4600	68200	6000	5000	13000	14800
宁 夏	89000	1800	4200	1800	3000	248000	5000	35000	45000	85000
新 疆	20300	0	0	0	0	202500	6000	6500	18000	22000
新疆建设兵团	500	0	0	0	0	2000	0	2000	0	0

5-8 续表 3

地 区	播放科普广播、影视节目									
	合 计(分钟)	科普日(分钟)	科技周(分钟)	科技下乡(分钟)	科教进社 区(分钟)	#电台、电视台播放科普节目				
						合 计(分钟)	科普日(分钟)	科技周(分钟)	科技下乡(分钟)	科教进社 区(分钟)
合 计	**103160**	**4389**	**7959**	**1180**	**2110**	**48351**	**1327**	**1329**	**635**	**200**
北 京	120	0	120	0	0	120	0	120	0	0
天 津	2215	20	20	15	60	115	20	20	15	60
河 北	0	0	0	0	0	0	0	0	0	0
山 西	500	15	50	70	30	300	15	50	70	30
内蒙古	1620	0	0	0	0	1620	0	0	0	0
辽 宁	260	0	0	0	0	0	0	0	0	0
吉 林	2700	900	1600	75	0	1400	500	900	0	0
黑龙江	0	0	0	0	0	0	0	0	0	0
上 海	0	0	0	0	0	0	0	0	0	0
江 苏	0	0	0	0	0	0	0	0	0	0
浙 江	0	0	0	0	0	0	0	0	0	0
安 徽	0	0	0	0	0	0	0	0	0	0
福 建	85100	2520	5880	0	0	38000	0	0	0	0
江 西	270	30	0	180	60	0	0	0	0	0
山 东	0	0	0	0	0	0	0	0	0	0
河 南	600	0	0	0	0	0	0	0	0	0
湖 北	500	120	100	100	20	300	100	80	20	0
湖 南	0	0	0	0	0	0	0	0	0	0
广 东	890	60	60	140	600	120	30	30	30	30
广 西	0	0	0	0	0	0	0	0	0	0
海 南	0	0	0	0	0	0	0	0	0	0
重 庆	1730	600	120	0	0	1730	600	120	0	0
四 川	0	0	0	0	0	0	0	0	0	0
贵 州	5	0	0	0	0	0	0	0	0	0
云 南	2495	60	0	0	1260	705	0	0	0	0
西 藏	0	0	0	0	0	0	0	0	0	0
陕 西	755	60	5	600	0	655	60	5	500	0
甘 肃	100	0	0	0	0	0	0	0	0	0
青 海	100	4	4	0	80	86	2	4	0	80
宁 夏	2160	0	0	0	0	2160	0	0	0	0
新 疆	1040	0	0	0	0	1040	0	0	0	0
新疆建设兵团	0	0	0	0	0	0	0	0	0	0

5-8 续表 4

地区	举办实用技术培训 合计(次)	科普日(次)	科技周(次)	科技下乡(次)	科教进社区(次)	合计(人次)	培训人数 科普日(人次)	科技周(人次)	科技下乡(人次)	科教进社区(人次)
合计	**1298**	**53**	**88**	**737**	**196**	**242158**	**10177**	**15035**	**174598**	**8854**
北京	570	0	0	420	150	33660	0	0	30000	3660
天津	13	1	0	9	3	3393	100	0	2893	400
河北	1	1	0	0	0	500	500	0	0	0
山西	46	2	8	32	0	87600	1000	300	69500	0
内蒙古	6	3	1	1	1	550	300	120	100	20
辽宁	2	0	0	0	0	400	0	0	0	0
吉林	50	0	3	12	0	3000	0	200	700	0
黑龙江	35	3	5	20	0	4200	800	500	420	0
上海	6	0	0	0	0	560	0	0	0	0
江苏	0	0	0	0	0	0	0	0	0	0
浙江	2	0	0	2	0	500	0	0	500	0
安徽	2	0	0	1	0	200	0	0	100	0
福建	38	0	0	1	0	2267	0	0	83	0
江西	65	14	18	30	0	9690	2000	2600	5000	0
山东	0	0	0	0	0	0	0	0	0	0
河南	13	0	0	12	0	680	0	0	600	0
湖北	10	1	1	0	0	600	300	200	0	0
湖南	53	0	0	53	0	4232	0	0	4232	0
广东	22	0	0	22	0	5200	0	0	5200	0
广西	61	4	2	2	3	6382	1377	745	460	620
海南	100	20	30	40	10	16000	3000	5000	6000	2000
重庆	12	0	0	12	0	2200	0	0	2200	0
四川	0	0	0	0	0	0	0	0	0	0
贵州	1	0	0	0	0	50	0	0	0	0
云南	5	0	0	0	4	158	0	0	0	118
西藏	8	0	0	8	0	37000	0	0	37000	0
陕西	19	2	0	9	8	4640	400	0	2040	200
甘肃	93	2	2	11	12	6120	400	300	900	1200
青海	42	0	1	35	5	4376	0	270	3470	636
宁夏	23	0	17	5	0	8000	0	4800	3200	0
新疆	0	0	0	0	0	0	0	0	0	0
新疆建设兵团	0	0	0	0	0	0	0	0	0	0

5-8 续表 5

地 区	发放科普宣传资料 合 计（份）	科普日（份）	科技周（份）	科技下乡（份）	科教进社区（份）	开展科技咨询 合 计（次）	科普日（次）	科技周（次）	科技下乡（次）	科教进社区（次）
合 计	**5523045**	**890120**	**912290**	**827765**	**685100**	**850**	**82**	**274**	**274**	**110**
北 京	769500	18000	38000	84000	15000	253	0	224	25	0
天 津	412500	100000	200000	10000	100000	12	1	1	1	4
河 北	70000	15000	10000	15000	30000	1	1	0	0	0
山 西	190000	74110	12000	59500	40000	2	0	0	0	0
内蒙古	22000	8000	6000	5000	3000	6	3	1	1	1
辽 宁	7000	2000	0	0	0	0	0	0	0	0
吉 林	30000	1000	0	20000	1000	55	3	0	8	0
黑龙江	200000	100000	50000	30000	20000	16	6	2	6	2
上 海	15500	2300	5100	4000	4100	1	0	0	1	0
江 苏	230000	20000	10000	40000	160000	0	0	0	0	0
浙 江	17100	7500	3600	6000	0	20	3	8	9	0
安 徽	20000	3000	1000	10000	0	5	1	0	1	0
福 建	335900	127100	58500	23500	56500	5	1	0	4	0
江 西	190000	22000	11000	54000	103000	55	3	1	36	15
山 东	0	0	0	0	0	6	0	0	0	0
河 南	51500	0	1500	0	0	50	0	0	50	0
湖 北	120000	20000	21000	30000	10000	10	2	1	1	0
湖 南	30000	5000	5000	20000	0	2	1	1	0	0
广 东	259495	4000	10830	11665	3000	20	1	0	15	0
广 西	61350	7150	4700	46500	2500	47	5	3	9	30
海 南	100000	30000	20000	40000	10000	50	15	10	20	5
重 庆	404380	150000	5000	20000	20000	70	25	5	20	20
四 川	0	0	0	0	0	0	0	0	0	0
贵 州	180500	0	0	500	0	0	0	0	0	0
云 南	59660	15660	12000	20000	0	21	2	2	5	7
西 藏	49000	5000	12000	30000	2000	8	0	0	8	0
陕 西	875660	50500	92060	64100	12000	16	2	1	10	3
甘 肃	111500	4500	3500	10000	10000	10	0	0	0	0
青 海	21000	2300	3000	8000	7000	18	6	4	5	3
宁 夏	550000	80000	300000	120000	50000	91	1	10	39	20
新 疆	131500	11000	13500	46000	26000	0	0	0	0	0
新疆建设兵团	8000	5000	3000	0	0	0	0	0	0	0

5-8 续表 6

地区	参加活动工作人员总数 合计（人次）	科普日（人次）	科技周（人次）	科技下乡（人次）	科教进社区（人次）	#专家人数 合计（人次）	科普日（人次）	科技周（人次）	科技下乡（人次）	科教进社区（人次）
合计	**45476**	**5629**	**3253**	**5209**	**2429**	**8526**	**1832**	**652**	**2034**	**590**
北京	23630	15	1568	881	202	2186	10	35	738	20
天津	150	30	60	50	10	110	30	60	10	10
河北	760	280	100	180	200	480	160	80	120	120
山西	1570	1010	210	350	0	340	180	120	25	0
内蒙古	100	30	21	30	11	83	28	20	25	10
辽宁	3695	0	0	0	0	0	0	0	0	0
吉林	800	18	7	480	50	430	5	3	7	20
黑龙江	600	150	50	160	100	120	50	20	25	10
上海	2030	0	0	0	0	1030	0	0	0	0
江苏	500	0	0	0	0	120	0	0	0	0
浙江	115	40	25	50	0	10	0	0	10	0
安徽	119	70	40	9	0	60	60	0	0	0
福建	1998	1134	80	92	302	869	626	16	23	100
江西	585	91	56	275	163	323	80	45	120	78
山东	22	0	0	0	0	10	0	0	0	0
河南	160	0	0	60	0	23	0	0	20	0
湖北	200	100	100	0	0	150	70	80	0	0
湖南	120	40	40	40	0	32	20	6	6	0
广东	910	108	58	544	200	530	40	20	470	0
广西	723	145	74	368	126	59	12	3	16	28
海南	500	150	100	150	100	300	100	50	100	50
重庆	2010	1300	80	200	200	155	110	10	20	15
四川	490	0	0	490	0	190	0	0	190	0
贵州	220	0	0	0	0	18	0	0	0	0
云南	1090	297	351	68	331	287	63	63	22	12
西藏	27	7	7	8	5	1	0	0	1	0
陕西	1095	328	78	615	70	178	71	13	75	19
甘肃	120	54	54	7	5	20	5	5	6	4
青海	229	67	67	57	38	13	2	3	5	3
宁夏	354	155	17	45	5	185	110	0	0	0
新疆	534	0	0	0	311	214	0	0	0	91
新疆建设兵团	20	10	10	0	0	0	0	0	0	0

5-8 续表 7

地 区	推广新技术、新品种					参加活动的所属学会、协会、研究会				
	合 计(项)	科普日(项)	科技周(项)	科技下乡(项)	科教进社 区(项)	合 计(个次)	科普日(个)	科技周(个)	科技下乡(个)	科教进社 区(个)
合 计	**877**	**153**	**19**	**131**	**14**	**1771**	**381**	**238**	**402**	**134**
北 京	93	0	0	93	0	83	0	48	35	0
天 津	0	0	0	0	0	0	0	0	0	0
河 北	100	100	0	0	0	43	15	10	8	10
山 西	0	0	0	0	0	162	62	40	30	30
内蒙古	0	0	0	0	0	57	20	12	15	10
辽 宁	2	0	0	0	0	0	0	0	0	0
吉 林	8	0	3	5	0	20	1	2	10	0
黑龙江	0	0	0	0	0	30	0	0	0	2
上 海	0	0	0	0	0	0	0	0	0	0
江 苏	0	0	0	0	0	132	0	0	0	0
浙 江	0	0	0	0	0	15	0	0	15	0
安 徽	2	0	0	2	0	20	20	0	0	0
福 建	0	0	0	0	0	47	45	0	0	0
江 西	9	3	0	6	0	71	17	14	19	21
山 东	0	0	0	0	0	20	0	0	0	0
河 南	0	0	0	0	0	0	0	0	0	0
湖 北	20	15	5	0	0	60	20	14	0	0
湖 南	0	0	0	0	0	22	12	5	5	0
广 东	10	0	0	10	0	150	0	0	150	0
广 西	66	35	11	7	13	36	22	10	2	2
海 南	0	0	0	0	0	50	20	10	10	10
重 庆	2	0	0	2	0	49	33	5	3	8
四 川	0	0	0	0	0	20	0	0	20	0
贵 州	0	0	0	0	0	0	0	0	0	0
云 南	1	0	0	0	0	82	20	25	2	7
西 藏	2	0	0	2	0	1	0	0	1	0
陕 西	1	0	0	1	0	97	30	5	50	10
甘 肃	21	0	0	0	0	21	0	0	0	0
青 海	4	0	0	3	1	10	2	2	4	2
宁 夏	536	0	0	0	0	358	4	4	0	0
新 疆	0	0	0	0	0	115	38	32	23	22
新疆建设兵团	0	0	0	0	0	0	0	0	0	0

5-8 续表 8

地　区	科普示范县(市、区)(个)	科技下乡、科教进社区次数			覆盖村				覆盖社区			
		合　计(次)	科技下乡(次)	科教进社区(次)	合　计(个次)	科普日(个)	科技周(个)	科技下乡(个)	合　计(个次)	科普日(个)	科技周(个)	科教进社区(个)
合　计	**685**	**1164**	**783**	**381**	**7409**	**106**	**64**	**3216**	**6245**	**342**	**299**	**1396**
北　京	9	220	157	63	3715	0	10	205	4401	0	0	201
天　津	9	13	12	1	120	0	0	120	540	0	0	540
河　北	26	42	16	26	31	0	0	31	40	10	30	0
山　西	47	106	101	5	320	0	0	320	330	0	0	330
内蒙古	0	2	1	1	3	0	0	3	3	1	1	1
辽　宁	68	0	0	0	15	0	0	0	0	0	0	0
吉　林	0	12	12	0	120	0	0	84	20	0	0	0
黑龙江	0	66	60	6	71	5	5	0	50	8	6	6
上　海	14	5	5	0	0	0	0	0	0	0	0	0
江　苏	91	163	133	30	123	0	0	0	40	0	0	0
浙　江	0	2	0	2	0	0	0	0	0	0	0	0
安　徽	43	6	5	1	100	0	0	10	100	0	0	0
福　建	37	35	14	21	35	0	0	35	23	0	0	23
江　西	24	44	17	27	53	5	2	46	36	3	3	15
山　东	88	5	3	2	16	0	0	0	0	0	0	0
河　南	0	4	3	1	381	0	0	381	50	0	0	50
湖　北	30	15	10	5	1000	0	0	1000	100	0	0	100
湖　南	35	2	1	1	11	0	0	0	2	0	0	0
广　东	20	64	25	39	563	0	1	562	34	2	20	16
广　西	43	53	26	27	18	6	3	9	32	2	1	29
海　南	10	25	20	5	100	0	0	0	10	0	0	0
重　庆	0	11	3	8	65	10	0	55	55	45	2	8
四　川	0	17	17	0	17	0	0	17	0	0	0	0
贵　州	23	7	6	1	4	0	0	0	2	0	0	0
云　南	0	29	9	20	119	30	30	5	257	231	231	25
西　藏	0	37	32	5	86	0	10	76	12	12	0	0
陕　西	28	37	22	15	120	15	0	105	34	10	1	21
甘　肃	0	34	12	22	0	0	0	0	0	0	0	0
青　海	2	27	16	11	23	0	0	23	12	2	2	8
宁　夏	12	24	20	4	150	35	3	112	17	13	2	2
新　疆	25	57	25	32	30	0	0	17	45	3	0	21
新疆建设兵团	1	0	0	0	0	0	0	0	0	0	0	0

5-9 各副省级城市科协、省会城市科协科学技术普及活动

城市	举办科普讲座									
	合计(次)	科普日(次)	科技周(次)	科技下乡(次)	科教进社区(次)	#院士科普报告会				
						合计(次)	科普日(次)	科技周(次)	科技下乡(次)	科教进社区(次)
合计	**4434**	**436**	**372**	**763**	**2193**	**90**	**26**	**23**	**1**	**7**
副省级城市小计	**2546**	**320**	**214**	**653**	**978**	**46**	**20**	**16**	**0**	**6**
宁波*	685	50	70	180	380	8	2	6	0	0
厦门*	40	14	5	12	6	1	1	0	0	0
深圳*	82	58	20	0	0	6	3	3	0	0
青岛*	439	55	13	301	50	2	0	0	0	2
大连*	95	12	13	22	35	15	9	5	0	1
省会城市小计	**3093**	**247**	**251**	**248**	**1722**	**58**	**11**	**9**	**1**	**4**
石家庄	43	2	3	2	1	0	0	0	0	0
太原	60	5	11	22	16	1	0	0	0	0
呼和浩特	0	0	0	0	0	0	0	0	0	0
沈阳*	101	4	8	57	2	0	0	0	0	0
长春*	131	70	30	10	20	0	0	0	0	0
哈尔滨*	73	10	10	35	15	0	0	0	0	0
南京*	20	1	2	6	9	2	1	1	0	0
杭州*	672	10	20	3	436	3	0	0	0	3
合肥	28	4	7	3	6	0	0	0	0	0
福州	14	2	1	0	1	1	0	0	0	1
南昌	262	43	23	0	185	2	0	2	0	0
济南*	80	11	9	8	12	0	0	0	0	0
郑州	845	15	35	35	750	26	0	0	0	0
武汉*	45	4	6	3	5	0	0	0	0	0
长沙	4	3	0	0	0	0	0	0	0	0
广州*	27	3	4	0	2	4	0	0	0	0
南宁	3	0	0	0	3	1	0	0	0	0
海口	20	6	4	4	6	0	0	0	0	0
成都*	32	5	2	13	4	2	2	0	0	0
贵阳	6	1	3	0	0	2	0	2	0	0
昆明	56	6	3	0	0	4	4	0	0	0
拉萨	6	1	1	1	0	0	0	0	0	0
西安*	24	13	2	3	2	3	2	1	0	0
兰州	68	0	0	0	0	0	0	0	0	0
西宁	36	15	5	10	2	0	0	0	0	0
银川	13	1	3	3	2	0	0	0	0	0
乌鲁木齐	424	12	59	30	243	7	2	3	1	0

注：城市名称后带“*”的为副省级城市，包括省会城市中带“*”的。

5-9 续表 1

城市	举办科普展览 合计(次)	科普日(次)	科技周(次)	科技下乡(次)	科教进社区(次)	#举办专题展览 合计(次)	科普日(次)	科技周(次)	科技下乡(次)	科教进社区(次)
合计	**1165**	**166**	**143**	**247**	**288**	**250**	**41**	**44**	**28**	**100**
副省级城市小计	**671**	**100**	**78**	**158**	**134**	**108**	**24**	**21**	**12**	**21**
宁波*	1	0	0	0	0	1	0	0	0	0
厦门*	43	6	11	12	12	0	0	0	0	0
深圳*	51	23	20	0	0	27	15	12	0	0
青岛*	50	3	2	0	30	2	1	1	0	0
大连*	186	42	21	62	55	15	4	3	4	4
省会城市小计	**834**	**92**	**89**	**173**	**191**	**205**	**21**	**28**	**24**	**96**
石家庄	6	1	1	0	0	2	1	1	0	0
太原	30	3	6	7	11	25	3	4	5	6
呼和浩特	14	4	4	5	1	4	1	1	1	1
沈阳*	35	2	2	10	1	6	0	0	5	1
长春*	17	1	1	2	10	14	1	1	2	10
哈尔滨*	104	10	15	65	10	0	0	0	0	0
南京*	15	1	3	3	5	4	0	2	0	0
杭州*	24	1	1	0	10	7	1	1	0	5
合肥	24	2	4	3	10	6	2	4	0	0
福州	40	8	9	16	5	0	0	0	0	0
南昌	118	3	2	0	60	60	0	0	0	60
济南*	51	0	0	0	0	25	0	0	0	0
郑州	35	2	9	6	11	22	2	9	6	5
武汉*	29	0	0	0	0	2	0	0	0	0
长沙	13	6	5	1	0	0	0	0	0	0
广州*	5	3	0	0	0	0	0	0	0	0
南宁	5	1	2	1	0	0	0	0	0	0
海口	22	6	4	4	4	0	0	0	0	0
成都*	42	0	0	0	0	0	0	0	0	0
贵阳	1	0	1	0	0	1	0	1	0	0
昆明	4	3	1	0	0	4	3	1	0	0
拉萨	7	1	1	1	1	2	1	0	0	1
西安*	18	8	2	4	1	5	2	1	1	1
兰州	15	0	0	0	0	0	0	0	0	0
西宁	52	15	10	23	4	0	0	0	0	0
银川	13	1	1	2	2	6	1	1	2	2
乌鲁木齐	95	10	5	20	45	10	3	1	2	4

5-9 续表 2

城市	科普讲座受众人数					科普展览受众人数				
	合计（人次）	科普日（人次）	科技周（人次）	科技下乡（人次）	科教进社区（人次）	合计（人次）	科普日（人次）	科技周（人次）	科技下乡（人次）	科教进社区（人次）
合　计	**1226309**	**193291**	**109056**	**133284**	**379563**	**3245138**	**804540**	**728253**	**292013**	**408150**
副省级城市小计	**706072**	**106441**	**54376**	**70956**	**190654**	**2043763**	**470300**	**480500**	**119800**	**227300**
宁　波*	52250	2000	8000	1500	20000	20300	0	0	0	0
厦　门*	113300	15000	500	1200	96000	32000	3000	6000	5000	6000
深　圳*	49000	35000	12000	0	0	780000	350000	280000	0	0
青　岛*	12595	500	2000	3450	1645	33100	5000	2300	0	1300
大　连*	22250	2400	1950	4400	3500	39700	4000	5200	5500	5000
省会城市小计	**976914**	**138391**	**84606**	**122734**	**258418**	**2340038**	**442540**	**434753**	**281513**	**395850**
石家庄	21500	1600	2100	1600	1200	60100	20000	30100	0	0
太　原	5000	400	900	1200	1100	50000	1600	11000	900	21000
呼和浩特	0	0	0	0	0	18000	2000	3000	3000	10000
沈　阳*	69400	6000	6400	5000	2000	43063	15000	20000	3000	5000
长　春*	17000	3000	2000	800	2000	23300	15000	2000	300	1000
哈尔滨*	13200	500	700	7000	3000	40000	2000	9000	21000	5000
南　京*	30000	1	2	6	9	237000	10000	105000	5000	7000
杭　州*	145000	2000	1000	8000	29000	163000	2000	1000	0	137000
合　肥	9200	800	1400	1500	1500	58200	3000	8000	4000	20000
福　州	16000	300	100	0	100	40896	7920	7863	15333	3780
南　昌	16230	2300	1400	0	9250	123579	8000	5000	0	51860
济　南*	19414	1090	924	5400	10000	43000	0	0	0	0
郑　州	302000	50000	20000	50000	150000	272500	50000	52500	75000	50000
武　汉*	18300	5400	900	2500	2000	271000	0	0	0	0
长　沙	2700	1200	0	0	0	50000	3000	15000	5000	0
广　州*	11363	550	2200	0	2000	5300	4300	0	0	0
南　宁	1100	0	0	0	300	30000	5000	9000	4000	0
海　口	480	130	110	120	120	6400	120	90	80	110
成　都*	40000	1000	800	11700	1500	23000	0	0	0	0
贵　阳	1200	210	650	0	0	25000	0	25000	0	0
昆　明	61300	25000	15000	0	0	120000	110000	10000	0	0
拉　萨	6000	800	800	1400	0	28100	4000	4000	4000	8000
西　安*	93000	32000	15000	20000	18000	290000	60000	50000	80000	60000
兰　州	5650	0	0	0	0	4800	0	0	0	0
西　宁	8200	1500	500	1000	200	200000	100000	50000	40000	10000
银　川	10677	470	1200	160	147	39800	2100	2700	3400	1600
乌鲁木齐	53000	2140	10520	5348	24992	74000	17500	14500	17500	4500

注：城市名称后带“*”的为副省级城市，包括省会城市中带“*”的。

5-9 续表 3

城市	播放科普广播、影视节目									
	合计(分钟)	科普日(分钟)	科技周(分钟)	科技下乡(分钟)	科教进社区(分钟)	#电台、电视台播放科普节目				
						合计(分钟)	科普日(分钟)	科技周(分钟)	科技下乡(分钟)	科教进社区(分钟)
合　计	**63016**	**1648**	**8806**	**1555**	**4913**	**50583**	**888**	**7839**	**266**	**3465**
副省级城市小计	**16981**	**858**	**8036**	**405**	**4183**	**14188**	**755**	**7726**	**254**	**3393**
宁　波*	2440	0	0	0	0	720	0	0	0	0
厦　门*	0	0	0	0	0	0	0	0	0	0
深　圳*	0	0	0	0	0	0	0	0	0	0
青　岛*	720	0	0	0	720	0	0	0	0	0
大　连*	230	100	100	0	30	0	0	0	0	0
省会城市小计	**59626**	**1548**	**8706**	**1555**	**4163**	**49863**	**888**	**7839**	**266**	**3465**
石家庄	0	0	0	0	0	0	0	0	0	0
太　原	500	0	0	0	0	500	0	0	0	0
呼和浩特	0	0	0	0	0	0	0	0	0	0
沈　阳*	350	120	150	0	20	350	120	150	0	20
长　春*	7000	0	7000	0	0	7000	0	7000	0	0
哈尔滨*	142	2	10	100	30	20	0	0	0	20
南　京*	500	2	200	50	30	500	2	0	0	0
杭　州*	4700	560	560	240	3340	4700	560	560	240	3340
合　肥	2080	0	0	0	0	2080	0	0	0	0
福　州	5000	400	400	0	0	3360	100	100	0	0
南　昌	15	0	0	0	0	15	0	0	0	0
济　南*	0	0	0	0	0	0	0	0	0	0
郑　州	490	0	0	0	0	490	0	0	0	0
武　汉*	60	60	0	0	0	60	60	0	0	0
长　沙	60	30	10	10	10	60	30	10	10	10
广　州*	781	0	0	0	0	780	0	0	0	0
南　宁	15	0	0	0	0	0	0	0	0	0
海　口	0	0	0	0	0	0	0	0	0	0
成　都*	0	0	0	0	0	0	0	0	0	0
贵　阳	0	0	0	0	0	0	0	0	0	0
昆　明	0	0	0	0	0	0	0	0	0	0
拉　萨	1080	0	0	540	540	0	0	0	0	0
西　安*	58	14	16	15	13	58	13	16	14	13
兰　州	32775	0	0	0	0	27300	0	0	0	0
西　宁	1440	360	360	600	120	10	3	3	2	2
银　川	60	0	0	0	60	60	0	0	0	60
乌鲁木齐	2520	0	0	0	0	2520	0	0	0	0

5-9 续表 4

城市	举办实用技术培训									
	合计(次)	科普日(次)	科技周(次)	科技下乡(次)	科教进社区(次)	合计(人次)	培训人数			
							科普日(人次)	科技周(人次)	科技下乡(人次)	科教进社区(人次)
合计	**1823**	**79**	**108**	**957**	**88**	**213144**	**23457**	**28901**	**106572**	**12936**
副省级城市小计	**1035**	**53**	**73**	**589**	**47**	**108043**	**10560**	**15490**	**54415**	**8300**
宁波*	100	5	20	75	0	30000	5000	10000	15000	0
厦门*	0	0	0	0	0	0	0	0	0	0
深圳*	0	0	0	0	0	0	0	0	0	0
青岛*	1	0	0	0	1	150	0	0	0	150
大连*	142	40	32	60	10	13000	4000	3500	1200	4300
省会城市小计	**1580**	**34**	**56**	**822**	**77**	**169994**	**14457**	**15401**	**90372**	**8486**
石家庄	0	0	0	0	0	0	0	0	0	0
太原	50	4	16	12	18	25000	10000	12000	1000	2000
呼和浩特	110	10	0	90	10	11000	2000	0	8000	1000
沈阳*	220	0	0	157	0	22000	0	0	14000	0
长春*	130	0	0	100	30	8000	0	0	6000	2000
哈尔滨*	120	5	20	90	5	6300	250	800	5000	250
南京*	94	0	0	94	0	9485	0	0	9485	0
杭州*	164	0	0	0	0	3778	0	0	0	0
合肥	22	0	0	17	5	6500	0	0	5500	1000
福州	0	0	0	0	0	0	0	0	0	0
南昌	39	5	4	30	0	3600	300	240	3060	0
济南*	43	0	0	0	0	5440	0	0	0	0
郑州	10	0	0	10	0	6000	0	0	6000	0
武汉*	1	0	0	1	0	60	0	0	60	0
长沙	0	0	0	0	0	0	0	0	0	0
广州*	5	0	0	2	0	630	0	0	170	0
南宁	1	0	0	1	0	120	0	0	120	0
海口	17	4	4	4	5	1010	200	250	260	300
成都*	10	2	0	8	0	700	100	0	600	0
贵阳	57	2	2	53	0	2760	240	200	2320	0
昆明	50	0	0	0	0	2000	0	0	0	0
拉萨	98	0	0	98	0	7850	0	0	7850	0
西安*	5	1	1	2	1	8500	1210	1190	2900	1600
兰州	220	0	0	0	0	20000	0	0	0	0
西宁	12	0	0	12	0	1211	0	0	1211	0
银川	16	1	3	11	1	1350	157	321	736	136
乌鲁木齐	86	0	6	30	2	16700	0	400	16100	200

注：城市名称后带“*”的为副省级城市，包括省会城市中带“*”的。

5-9 续表 5

城　　市	发放科普宣传资料 合　计（份）	科普日（份）	科技周（份）	科技下乡（份）	科教进社区（份）	开展科技咨询 合　计（次）	科普日（次）	科技周（次）	科技下乡（次）	科教进社区（次）
合　　计	**2511225**	**354130**	**403500**	**644050**	**458315**	**1183**	**155**	**175**	**385**	**173**
副省级城市小计	**1273425**	**129030**	**151800**	**391050**	**140315**	**856**	**112**	**142**	**326**	**82**
宁　　波*	200000	5000	5000	5000	15000	25	1	4	20	0
厦　　门*	22750	10000	6000	5000	1750	19	3	4	12	0
深　　圳*	45000	25000	20000	0	0	22	10	12	0	0
青　　岛*	38065	5000	15000	0	18065	6	0	0	0	6
大　　连*	39400	8000	10400	11000	10000	200	70	80	20	30
省会城市小计	**2166010**	**301130**	**347100**	**623050**	**413500**	**911**	**71**	**75**	**333**	**137**
石 家 庄	9600	4500	5100	0	0	0	0	0	0	0
太　　原	180000	20000	40000	30000	90000	30	9	11	4	6
呼和浩特	50000	30000	0	15000	5000	10	5	0	5	0
沈　　阳*	56000	10000	16000	10000	5000	260	0	0	123	0
长　　春*	8000	2000	2000	2000	2000	32	1	1	30	0
哈 尔 滨*	425000	20000	35000	300000	70000	185	10	25	110	40
南　　京*	50000	30	20000	10000	10000	5	0	3	0	0
杭　　州*	35450	20000	12400	3050	0	25	10	10	0	5
合　　肥	96000	20000	50000	8000	18000	11	1	2	3	5
福　　州	194000	42700	4500	65000	81800	0	0	0	0	0
南　　昌	50000	10000	8000	12000	20000	9	1	1	5	2
济　　南*	36260	0	0	0	0	40	0	0	0	0
郑　　州	180000	40000	50000	50000	40000	120	7	8	15	70
武　　汉*	66000	20000	6000	20000	0	1	0	0	1	0
长　　沙	0	0	0	0	0	0	0	0	0	0
广　　州*	210000	0	0	0	0	20	3	2	0	0
南　　宁	20000	5000	1000	12000	2000	3	1	2	0	0
海　　口	30000	9000	7000	6000	8000	14	4	3	3	4
成　　都*	15000	1000	500	10000	3500	12	3	0	9	0
贵　　阳	7100	1200	3100	2800	0	30	13	3	12	2
昆　　明	0	0	0	0	0	25	0	0	0	0
拉　　萨	19500	0	11000	8500	0	0	0	0	0	0
西　　安*	26500	3000	3500	15000	5000	4	1	1	1	1
兰　　州	80000	0	0	0	0	0	0	0	0	0
西　　宁	30000	10000	8000	10000	2000	3	1	1	1	0
银　　川	41600	2700	34000	3700	1200	16	1	2	11	2
乌鲁木齐	250000	30000	30000	30000	50000	56	0	0	0	0

5-9 续表。6

城市	参加活动工作人员总数									
	合计（人次）	科普日（人次）	科技周（人次）	科技下乡（人次）	科教进社区（人次）	#专家人数				
						合计（人次）	科普日（人次）	科技周（人次）	科技下乡（人次）	科教进社区（人次）
合计	**20606**	**3827**	**3017**	**5736**	**2539**	**5099**	**657**	**701**	**1880**	**568**
副省级城市小计	**10161**	**1941**	**1706**	**3517**	**675**	**3069**	**380**	**296**	**1563**	**257**
宁波*	1120	0	0	0	0	120	0	0	0	0
厦门*	520	50	150	240	80	165	40	40	40	45
深圳*	800	300	500	0	0	0	0	0	0	0
青岛*	90	0	0	0	90	52	0	0	0	52
大连*	1850	750	250	550	300	60	25	15	15	5
省会城市小计	**16226**	**2727**	**2117**	**4946**	**2069**	**4702**	**592**	**646**	**1825**	**466**
石家庄	12	8	4	0	0	0	0	0	0	0
太原	700	100	200	200	200	100	15	25	25	35
呼和浩特	240	110	100	20	10	0	0	0	0	0
沈阳*	1000	0	0	350	0	290	0	0	213	0
长春*	0	0	0	0	0	0	0	0	0	0
哈尔滨*	1100	200	250	450	200	880	130	200	400	150
南京*	1200	0	0	1200	0	850	0	0	850	0
杭州*	0	0	0	0	0	0	0	0	0	0
合肥	200	70	80	20	30	110	45	50	10	5
福州	400	100	20	180	100	50	10	5	15	20
南昌	1280	180	130	500	470	285	25	130	19	111
济南*	100	0	0	0	0	23	0	0	0	0
郑州	735	150	200	180	205	167	55	15	12	85
武汉*	100	50	30	20	0	50	20	20	10	0
长沙	0	0	0	0	0	0	0	0	0	0
广州*	1001	329	220	0	0	524	155	16	0	0
南宁	240	70	110	60	0	29	8	16	5	0
海口	0	0	0	0	0	0	0	0	0	0
成都*	80	10	5	60	5	55	10	5	35	5
贵阳	212	40	57	105	10	119	15	22	72	10
昆明	150	0	0	0	0	120	0	0	0	0
拉萨	2230	800	136	720	574	63	25	8	30	0
西安*	1200	252	301	647	0	0	0	0	0	0
兰州	3000	0	0	0	0	600	0	0	0	0
西宁	293	150	50	50	43	38	5	2	29	2
银川	131	8	24	88	7	63	4	12	44	3
乌鲁木齐	622	100	200	96	215	286	70	120	56	40

注：城市名称后带“*”的为副省级城市，包括省会城市中带“*”的。

5-9 续表 7

城　　市	推广新技术、新品种					参加活动的所属学会、协会、研究会				
	合　计(项)	科普日(项)	科技周(项)	科技下乡(项)	科教进社　区(项)	合　计(个次)	科普日(个)	科技周(个)	科技下乡(个)	科教进社　区(个)
合　　计	**591**	**38**	**70**	**330**	**26**	**1833**	**410**	**412**	**164**	**406**
副省级城市小计	**517**	**38**	**67**	**296**	**21**	**642**	**178**	**119**	**53**	**80**
宁　　波*	3	0	0	0	0	71	0	0	0	0
厦　　门*	0	0	0	0	0	0	0	0	0	0
深　　圳*	0	0	0	0	0	65	35	30	0	0
青　　岛*	0	0	0	0	0	1	0	0	0	1
大　　连*	37	15	5	11	6	85	28	25	5	27
省会城市小计	**551**	**23**	**65**	**319**	**20**	**1611**	**347**	**357**	**159**	**378**
石 家 庄	0	0	0	0	0	0	0	0	0	0
太　　原	30	0	3	22	5	310	120	140	20	30
呼和浩特	0	0	0	0	0	13	1	5	0	7
沈　　阳*	270	0	0	178	0	60	0	0	0	0
长　　春*	0	0	0	0	0	103	35	21	5	42
哈 尔 滨*	155	20	60	60	15	53	8	15	20	10
南　　京*	45	0	0	45	0	6	0	0	0	0
杭　　州*	0	0	0	0	0	0	0	0	0	0
合　　肥	0	0	0	0	0	37	13	20	4	0
福　　州	0	0	0	0	0	0	0	0	0	0
南　　昌	2	0	0	0	0	26	1	3	16	6
济　　南*	0	0	0	0	0	39	0	0	0	0
郑　　州	0	0	0	0	0	38	10	2	6	20
武　　汉*	0	0	0	0	0	0	0	0	0	0
长　　沙	0	0	0	0	0	0	0	0	0	0
广　　州*	5	3	2	0	0	129	72	28	23	0
南　　宁	0	0	0	0	0	47	12	20	15	0
海　　口	0	0	0	0	0	0	0	0	0	0
成　　都*	2	0	0	2	0	30	0	0	0	0
贵　　阳	0	0	0	0	0	49	16	18	13	2
昆　　明	20	0	0	0	0	200	0	0	0	0
拉　　萨	4	0	0	4	0	12	6	4	2	0
西　　安*	0	0	0	0	0	0	0	0	0	0
兰　　州	0	0	0	0	0	14	0	0	0	0
西　　宁	8	0	0	8	0	37	20	17	0	0
银　　川	0	0	0	0	0	144	19	58	27	40
乌鲁木齐	10	0	0	0	0	264	14	6	8	221

5-9 续表 8

城　市	科普示范县(市、区)(个)	科普示范街道(乡镇)(个)	科普示范社区(村)(个)	科普示范户(个)	科技下乡、科教进社区次数 合 计(次)	科技下乡(次)	科教进社区(次)
合　计	**103**	**520**	**1640**	**2143**	**3090**	**687**	**2403**
副省级城市小计	**61**	**408**	**1144**	**2076**	**1435**	**323**	**1112**
宁　波*	0	5	86	66	178	28	150
厦　门*	3	12	150	0	16	0	16
深　圳*	0	0	0	0	0	0	0
青　岛*	0	0	0	0	12	12	0
大　连*	11	32	55	1100	200	120	80
省会城市小计	**89**	**471**	**1349**	**977**	**2684**	**527**	**2157**
石家庄	0	0	0	0	15	9	6
太　原	2	0	0	0	55	22	33
呼和浩特	0	1	17	0	6	5	1
沈　阳*	1	0	0	0	5	5	0
长　春*	4	22	16	260	330	30	300
哈尔滨*	2	80	400	650	80	60	20
南　京*	2	30	50	0	15	5	10
杭　州*	7	101	383	0	439	3	436
合　肥	4	20	30	0	13	3	10
福　州	0	18	126	0	16	13	3
南　昌	2	0	27	57	147	58	89
济　南*	2	15	4	0	40	20	20
郑　州	6	0	25	0	926	100	826
武　汉*	0	0	0	0	55	10	45
长　沙	5	0	0	10	12	10	2
广　州*	0	46	0	0	5	5	0
南　宁	6	32	78	0	8	5	3
海　口	0	0	0	0	0	0	0
成　都*	16	0	0	0	5	0	5
贵　阳	7	0	0	0	53	33	20
昆　明	0	0	64	0	0	0	0
拉　萨	1	8	0	0	18	0	18
西　安*	13	65	0	0	55	25	30
兰　州	1	0	0	0	120	60	60
西　宁	0	0	0	0	31	29	2
银　川	6	30	129	0	14	11	3
乌鲁木齐	2	3	0	0	221	6	215

注：城市名称后带“*”的为副省级城市，包括省会城市中带“*”的。

5-9 续表 9

城　市	覆盖村				覆盖社区			
	合　计（个次）	科普日（个）	科技周（个）	科技下乡（个）	合　计（个次）	科普日（个）	科技周（个）	科教进社　区（个）
合　计	**2377**	**385**	**247**	**1525**	**1637**	**133**	**286**	**802**
副省级城市小计	**1633**	**359**	**234**	**1311**	**1234**	**89**	**270**	**577**
宁　波*	12	0	0	0	30	0	0	0
厦　门*	0	0	0	0	16	5	5	28
深　圳*	0	0	0	0	0	0	0	0
青　岛*	0	0	0	0	8	0	0	8
大　连*	1087	330	201	556	480	50	200	230
省会城市小计	**1278**	**55**	**46**	**969**	**1103**	**78**	**81**	**536**
石家庄	18	0	0	18	12	0	0	12
太　原	35	0	0	35	60	0	0	60
呼和浩特	10	0	0	10	1	0	0	2
沈　阳*	27	0	0	340	24	0	0	0
长　春*	300	0	0	300	72	0	0	72
哈尔滨*	140	20	30	90	100	10	30	60
南　京*	10	0	0	0	5	0	0	0
杭　州*	3	0	0	3	200	6	20	174
合　肥	3	0	0	3	17	2	5	10
福　州	50	0	0	0	20	0	0	20
南　昌	62	0	0	0	89	0	0	0
济　南*	15	0	0	0	261	0	0	0
郑　州	33	0	0	33	89	10	7	72
武　汉*	0	0	0	0	0	0	0	0
长　沙	21	0	0	21	10	0	0	10
广　州*	9	0	0	9	0	0	0	0
南　宁	5	0	0	5	3	0	0	3
海　口	0	0	0	0	0	0	0	0
成　都*	5	0	0	0	0	0	0	0
贵　阳	39	5	8	26	14	2	3	9
昆　明	0	0	0	0	0	0	0	0
拉　萨	360	19	0	0	29	29	0	0
西　安*	25	9	3	13	38	18	15	5
兰　州	0	0	0	0	0	0	0	0
西　宁	29	0	0	29	2	0	0	2
银　川	29	2	5	22	4	1	1	2
乌鲁木齐	50	0	0	12	53	0	0	23

5－10　各地区地级科协科学技术普及活动

地　区	举办科普讲座									
	合　计(次)	科普日(次)	科技周(次)	科技下乡(次)	科教进社　区(次)	#院士科普报告会				
						合　计(次)	科普日(次)	科技周(次)	科技下乡(次)	科教进社　区(次)
合　计	**26559**	**3543**	**5188**	**3106**	**5593**	**337**	**96**	**89**	**6**	**35**
北　京	1289	95	145	129	568	57	0	0	0	1
天　津	3003	247	1479	23	362	2	1	1	0	0
河　北	203	19	13	36	78	5	2	0	0	3
山　西	510	72	55	210	87	6	2	1	0	0
内蒙古	401	111	72	72	66	3	1	2	0	0
辽　宁	3571	375	291	473	369	25	5	5	0	1
吉　林	508	210	27	49	168	2	0	0	0	0
黑龙江	295	45	32	99	57	0	0	0	0	0
上　海	6601	1001	1616	44	2156	22	5	11	0	3
江　苏	619	99	236	82	95	29	8	19	1	1
浙　江	364	104	66	45	49	31	13	8	0	3
安　徽	614	97	64	126	160	5	4	1	0	0
福　建	381	81	51	50	33	13	10	3	0	0
江　西	495	32	54	132	59	14	6	5	0	0
山　东	777	106	137	222	240	34	6	6	0	16
河　南	555	70	75	108	197	2	1	1	0	0
湖　北	500	83	49	43	56	10	4	2	1	0
湖　南	231	37	21	81	54	1	0	0	0	1
广　东	337	37	67	89	61	19	0	13	0	0
广　西	336	65	29	94	48	3	0	0	1	2
海　南	22	3	3	2	4	0	0	0	0	0
重　庆	592	91	66	89	142	15	13	2	0	0
四　川	317	29	40	103	79	4	2	2	0	0
贵　州	80	14	5	0	39	4	0	1	0	0
云　南	227	79	25	65	14	3	0	0	0	0
西　藏	33	6	6	10	4	0	0	0	0	0
陕　西	1256	47	38	127	60	1	1	0	0	0
甘　肃	1024	135	201	262	158	20	8	5	3	4
青　海	71	4	7	9	3	0	0	0	0	0
宁　夏	125	22	29	41	21	0	0	0	0	0
新　疆	473	60	62	81	81	2	2	0	0	0
新疆建设兵团	749	67	127	110	25	5	2	1	0	0

5-10 续表 1

地区	举办科普展览									
	合计(次)	科普日(次)	科技周(次)	科技下乡(次)	科教进社区(次)	#举办专题展览				
						合计(次)	科普日(次)	科技周(次)	科技下乡(次)	科教进社区(次)
合计	**12988**	**1797**	**2131**	**2101**	**2247**	**3309**	**706**	**828**	**654**	**770**
北京	722	107	144	92	296	229	29	51	41	93
天津	1381	232	475	22	121	324	72	195	12	43
河北	103	19	16	30	18	25	7	4	8	6
山西	163	27	11	43	15	44	10	2	6	13
内蒙古	422	80	83	73	67	97	18	15	27	27
辽宁	1531	163	140	124	57	317	65	57	44	23
吉林	228	50	30	41	49	84	13	12	31	17
黑龙江	244	37	32	49	52	64	20	10	10	23
上海	939	123	288	32	285	247	39	96	12	93
江苏	357	40	74	43	81	66	13	23	9	19
浙江	258	26	22	28	78	68	10	15	15	21
安徽	456	81	46	55	157	113	29	16	23	39
福建	284	76	42	47	23	61	17	12	14	10
江西	251	21	22	69	44	43	10	9	15	7
山东	516	80	99	113	139	151	41	20	37	37
河南	404	41	38	116	110	149	19	23	39	68
湖北	814	55	32	39	65	74	28	13	10	21
湖南	153	15	9	74	25	34	9	4	15	6
广东	390	43	58	83	75	104	19	28	19	21
广西	261	24	26	92	37	36	6	5	16	4
海南	22	3	3	2	4	12	3	3	2	4
重庆	349	74	42	86	95	129	31	19	24	50
四川	281	32	36	94	49	45	10	11	10	9
贵州	83	17	15	16	6	42	15	9	9	5
云南	206	31	23	40	15	80	22	13	25	7
西藏	33	7	8	6	4	3	2	1	0	0
陕西	212	16	15	47	13	27	9	4	8	5
甘肃	1061	140	155	362	175	360	77	90	118	63
青海	58	5	5	14	3	9	2	2	4	1
宁夏	96	21	19	19	10	14	5	6	1	2
新疆	496	74	68	109	59	127	29	24	20	19
新疆建设兵团	214	37	55	41	20	131	27	36	30	14

5-10 续表 2

地 区	科普讲座受众人数					科普展览受众人数				
	合 计（人次）	科普日（人次）	科技周（人次）	科技下乡（人次）	科教进社 区（人次）	合 计（人次）	科普日（人次）	科技周（人次）	科技下乡（人次）	科教进社 区（人次）
合 计	**11069728**	**1447847**	**1843757**	**1546418**	**1622921**	**25949611**	**3837686**	**3881715**	**3671683**	**2837432**
北 京	1281610	76210	308830	63250	421200	1152560	171700	394600	126200	330800
天 津	635441	42750	419406	19199	26958	944790	71263	357282	141927	131471
河 北	305155	11785	17600	116820	132300	132500	38800	26100	15000	34000
山 西	241015	39540	23815	60110	8210	1057500	102710	45000	38600	18400
内蒙古	176535	47670	30430	41800	22460	952900	103700	149000	134600	66300
辽 宁	1067076	57289	41493	53678	28739	4123382	211852	174020	146370	41350
吉 林	125090	24860	32420	19180	12470	526900	158700	126650	65500	54450
黑龙江	112970	25020	15150	32260	22551	203921	33400	25850	44200	40970
上 海	746340	63469	112401	15190	276062	1459909	141888	339659	150000	493185
江 苏	158532	24070	37430	22242	25390	754842	158100	136500	64400	97800
浙 江	125907	36060	15110	12126	9000	530090	87150	87360	37870	65500
安 徽	260654	26380	28282	35690	34980	544833	156076	78974	95078	62160
福 建	126871	38171	25360	16840	8900	422400	91250	89600	24300	14100
江 西	240590	18480	35970	66360	43530	295340	29700	45840	77710	38140
山 东	273916	27500	32710	56326	88140	1260225	400850	157630	279870	235875
河 南	663600	205750	93650	126000	90950	959100	176900	166100	236000	128100
湖 北	568062	92200	60700	71290	48050	1035030	189300	143230	241050	204100
湖 南	198868	45785	28912	50903	46808	506747	175512	111000	84800	50100
广 东	272035	22735	88250	59730	21530	1727130	114020	135900	174150	176010
广 西	473882	229245	47245	66390	45342	521757	55425	89165	111325	55380
海 南	6000	1500	1500	1000	2000	6000	1500	1500	1000	2000
重 庆	205282	39260	23764	28080	27988	683236	146706	112010	125460	65700
四 川	326370	11675	70485	134200	31065	735762	91260	107810	259980	124532
贵 州	33311	9580	3130	0	8851	225705	82400	48780	33100	14625
云 南	55259	21226	4090	11830	3275	1196799	146430	91080	164880	31500
西 藏	41810	4100	4600	17200	4500	34730	5300	8200	13600	4800
陕 西	815580	24510	20820	98250	40715	413370	43900	32100	58300	23400
甘 肃	612061	87694	80214	123344	53758	2029004	327294	279597	449453	120906
青 海	109660	2180	1170	2750	390	99860	6880	10260	28100	380
宁 夏	54518	8398	12166	7607	4489	213200	34730	61932	43110	19828
新 疆	504962	45420	70706	61053	24990	920959	233160	151686	170580	78590
新疆建设兵团	250766	37335	55948	55720	7330	279130	49830	97300	35170	12980

5-10 续表 3

地　区	播放科普广播、影视节目									
						#电台、电视台播放科普节目				
	合　计(分钟)	科普日(分钟)	科技周(分钟)	科技下乡(分钟)	科教进社　区(分钟)	合　计(分钟)	科普日(分钟)	科技周(分钟)	科技下乡(分钟)	科教进社　区(分钟)
合　计	**849454**	**37196**	**56196**	**73195**	**129529**	**454673**	**17866**	**21748**	**32364**	**33233**
北　京	15575	315	628	575	875	7781	98	167	5	31
天　津	5813	203	2471	2175	264	2671	89	1687	70	125
河　北	1110	70	850	100	30	945	40	815	20	10
山　西	5366	1087	217	812	1334	3913	307	187	662	1004
内蒙古	3248	186	496	1137	379	1687	15	391	211	20
辽　宁	135531	2303	3744	6934	12532	73321	1534	2451	3195	1743
吉　林	1117	120	115	200	30	743	6	5	60	20
黑龙江	10005	1160	1095	5570	2038	1864	100	88	1568	8
上　海	53060	1664	12872	5657	32087	17173	443	700	4837	11143
江　苏	12016	620	3679	1716	1733	7664	124	284	1621	1667
浙　江	3814	719	451	69	100	2908	589	340	39	0
安　徽	35150	1376	1657	2254	2717	9330	660	350	240	980
福　建	13690	260	580	200	120	12950	260	520	80	60
江　西	3750	155	185	185	340	3440	35	65	155	305
山　东	3445	921	473	748	1197	1022	258	206	326	207
河　南	17688	1862	1787	5612	3087	10038	1357	985	2245	649
湖　北	13838	3310	3325	3590	3500	12708	3210	3125	3140	3120
湖　南	9259	1680	1920	300	100	7059	840	960	0	0
广　东	18386	385	423	3516	3830	8890	20	15	30	265
广　西	15373	780	1070	4320	2060	10618	350	225	1510	1390
海　南	0	0	0	0	0	0	0	0	0	0
重　庆	8070	1600	1225	2540	1545	4486	886	926	1362	832
四　川	195340	1295	1985	1870	1315	193030	875	745	1730	1010
贵　州	3570	240	0	0	0	3330	0	0	0	0
云　南	130725	72	363	155	10	8535	72	363	155	10
西　藏	14	1	2	8	3	0	0	0	0	0
陕　西	10770	1000	510	1645	430	9195	865	485	825	250
甘　肃	77214	6100	6522	10225	51813	15595	1512	1587	2626	5978
青　海	3602	538	490	520	390	2967	341	410	360	194
宁　夏	3622	760	1115	943	762	2382	530	752	638	420
新　疆	29357	5364	3790	6868	3735	11062	1590	1740	2520	1400
新疆建设兵团	9936	1050	2156	2751	1173	7366	860	1174	2134	392

5-10 续表 4

地区	举办实用技术培训									
						培训人数				
	合计(次)	科普日(次)	科技周(次)	科技下乡(次)	科教进社区(次)	合计(人次)	科普日(人次)	科技周(人次)	科技下乡(人次)	科教进社区(人次)
合计	**26361**	**1658**	**2426**	**6862**	**1679**	**6267390**	**472370**	**445243**	**1505640**	**270606**
北京	425	47	77	214	67	75785	10430	10780	45375	8700
天津	751	66	515	124	44	90737	6199	46295	28870	8383
河北	48	9	8	26	5	10220	2650	2210	4360	1000
山西	435	49	33	230	50	148000	43800	2400	60110	2710
内蒙古	314	114	71	96	30	98791	25400	19220	27340	9830
辽宁	5310	297	391	1880	152	1530319	158656	105112	648740	19250
吉林	153	18	15	84	31	14030	1510	1200	9920	1400
黑龙江	382	25	17	266	29	51260	2600	1600	38440	4220
上海	1309	127	153	387	136	108420	7530	9346	32500	13624
江苏	3175	28	52	72	21	1523260	4560	7360	8620	2470
浙江	87	18	14	21	32	33654	16480	9730	1679	2215
安徽	168	32	21	45	32	18986	3628	2200	5990	4700
福建	747	59	100	155	33	54448	5380	10276	18942	2850
江西	248	32	8	159	25	34220	3820	1280	18780	2100
山东	511	33	137	276	43	109706	6110	21836	62460	9460
河南	255	32	30	148	45	53860	6820	9230	30650	6980
湖北	248	88	51	73	36	213210	92610	49100	41300	28200
湖南	196	33	12	106	45	32935	5433	1682	19115	6705
广东	117	9	37	62	6	25295	1143	4365	7293	105
广西	184	28	21	81	19	60178	3775	3755	17393	5505
海南	25	4	6	10	5	3600	300	400	2500	400
重庆	254	44	42	142	26	34380	5850	5450	18680	4400
四川	834	8	13	56	12	168190	1091	1520	13913	1187
贵州	37	2	0	24	0	9556	110	0	8526	0
云南	76	21	14	40	0	5254	1353	912	2914	0
西藏	17	1	2	3	1	12420	500	1400	2300	800
陕西	236	24	23	98	9	32620	2930	3900	13640	950
甘肃	2482	300	390	1124	378	399452	35794	72986	177877	42233
青海	80	10	13	17	0	15622	738	1056	1316	0
宁夏	721	57	58	600	6	80115	6340	7086	55960	729
新疆	5677	7	42	137	7	1019697	1000	10816	39561	560
新疆建设兵团	859	36	60	106	354	199170	7830	20740	40576	78940

5-10 续表 5

地　区	发放科普宣传资料					开展科技咨询				
	合　计（份）	科普日（份）	科技周（份）	科技下乡（份）	科教进社　区（份）	合　计（次）	科普日（次）	科技周（次）	科技下乡（次）	科教进社　区（次）
合　计	**29688128**	**6520611**	**7063762**	**7556033**	**4655741**	**31572**	**6259**	**5274**	**9490**	**3188**
北　京	1526400	277000	693920	80200	445600	315	31	40	174	63
天　津	1633200	393000	955700	90700	193800	631	165	291	92	82
河　北	296100	74500	42600	71800	94200	115	28	14	57	16
山　西	914200	241100	180500	187200	64100	320	68	36	114	50
内蒙古	807280	252890	256500	142210	108680	547	81	144	219	99
辽　宁	3397284	784000	505364	559600	94210	10512	1458	947	1596	104
吉　林	381900	143500	134000	63500	10900	760	137	129	448	46
黑龙江	165350	68595	26215	25720	19760	168	29	20	37	33
上　海	1979666	229933	392602	238700	1092396	793	83	230	55	252
江　苏	1155720	177700	514000	165500	134520	163	33	66	37	26
浙　江	1115705	305980	279640	190965	110500	1566	510	231	634	159
安　徽	582080	134960	150120	189600	103300	917	135	201	338	183
福　建	444800	121300	151400	32280	17620	3409	545	730	1514	217
江　西	329700	62700	44600	125500	58100	187	26	27	92	40
山　东	297123	66198	50146	98008	73735	1383	102	125	670	473
河　南	1091200	204700	229700	412500	204900	891	214	243	267	166
湖　北	850280	377080	191000	150200	128000	940	801	31	56	51
湖　南	920800	292500	208000	349500	70800	175	43	32	70	30
广　东	901850	125110	204170	203800	151770	180	14	37	86	38
广　西	594400	113200	66400	172000	71000	212	58	40	77	34
海　南	60000	15000	10000	25000	10000	0	0	0	0	0
重　庆	1277590	240890	279200	486200	149800	1671	503	286	613	269
四　川	2501860	256100	343050	805900	346400	339	22	43	232	32
贵　州	450747	268797	53100	102500	26350	52	17	10	16	9
云　南	648540	208460	122900	180830	35550	316	144	11	123	25
西　藏	49600	14200	15300	14100	3000	15	2	3	6	4
陕　西	1836500	278500	125200	1062000	361500	102	21	18	47	16
甘　肃	2096613	485968	411045	863540	324660	3760	838	1063	1182	579
青　海	83140	8500	19350	25430	1260	44	9	10	10	1
宁　夏	259300	59800	53910	97350	48240	123	10	23	48	42
新　疆	930000	209150	323300	307250	90300	163	35	32	64	29
新疆建设兵团	109200	29300	30830	36450	10790	803	97	161	516	20

5-10 续表 6

地 区	参加活动工作人员总数									
	合 计 (人次)	科普日 (人次)	科技周 (人次)	科技下乡 (人次)	科教进社 区 (人次)	#专家人数				
						合 计 (人次)	科普日 (人次)	科技周 (人次)	科技下乡 (人次)	科教进社 区 (人次)
合 计	**242395**	**47228**	**55256**	**59553**	**30272**	**63501**	**13256**	**13153**	**18750**	**7103**
北 京	16229	2600	3943	4280	4376	3778	239	764	1437	688
天 津	15909	2547	6357	3532	3419	1444	216	632	334	260
河 北	3250	516	752	1065	917	701	123	83	342	153
山 西	2624	841	559	731	423	1437	601	308	399	111
内蒙古	6426	2624	1506	1641	571	1270	391	331	387	120
辽 宁	52170	5167	5802	9919	701	10405	1120	1119	2410	219
吉 林	3251	1037	1525	649	40	197	60	30	82	25
黑龙江	5174	839	794	2740	592	2251	393	433	1036	309
上 海	16873	2803	8552	860	3876	1206	129	348	94	270
江 苏	4205	675	1715	570	607	1520	225	500	332	371
浙 江	6659	1410	2065	993	670	3690	920	1201	774	542
安 徽	6620	2149	1331	1630	1009	1675	402	280	391	402
福 建	7543	2428	2629	695	320	3810	1352	1427	513	202
江 西	4985	782	815	667	1189	1271	290	185	266	129
山 东	4016	418	535	928	315	1955	240	237	517	179
河 南	6561	1490	1523	2223	1315	2427	500	463	1001	455
湖 北	7571	3270	1458	1940	833	4474	1908	1241	612	647
湖 南	5050	1410	679	2199	634	2721	615	351	1462	265
广 东	7107	864	1941	2142	1380	3280	378	936	1183	552
广 西	3701	998	467	1378	479	1595	531	166	522	191
海 南	680	0	0	0	0	150	0	0	0	0
重 庆	11126	3336	2156	3631	1845	1955	398	321	1051	185
四 川	6660	929	958	2006	762	3093	301	567	1034	258
贵 州	3445	1789	710	564	382	914	505	110	174	122
云 南	6921	1131	829	1478	376	832	290	58	372	44
西 藏	476	37	136	32	20	83	10	10	5	5
陕 西	2252	563	205	1080	187	627	77	42	311	25
甘 肃	12067	1994	2103	5659	1935	2104	337	305	813	156
青 海	604	177	167	170	58	30	5	6	8	1
宁 夏	3815	678	1021	1691	425	319	88	65	116	50
新 疆	6094	1225	1066	2114	494	1192	353	212	521	94
新疆建设兵团	2331	501	957	346	122	1095	259	422	251	73

5-10 续表 7

地 区	推广新技术、新品种					参加活动的所属学会、协会、研究会				
	合 计 (项)	科普日 (项)	科技周 (项)	科技下乡 (项)	科教进社 区 (项)	合 计 (个次)	科普日 (个)	科技周 (个)	科技下乡 (个)	科教进社 区 (个)
合 计	**7560**	**1008**	**917**	**2810**	**372**	**15953**	**4396**	**3812**	**3802**	**1893**
北 京	254	19	59	159	16	524	142	179	88	83
天 津	83	18	31	17	12	387	135	151	54	44
河 北	80	21	21	31	7	196	84	42	42	28
山 西	56	10	10	23	2	333	80	94	89	31
内蒙古	338	127	38	138	10	586	147	147	191	65
辽 宁	2194	193	102	466	1	2192	563	416	292	13
吉 林	148	15	7	126	0	103	45	23	23	12
黑龙江	137	16	18	64	16	246	99	31	73	36
上 海	69	6	15	24	7	858	82	203	216	137
江 苏	632	21	41	62	146	955	194	355	133	219
浙 江	304	118	93	82	11	593	150	206	61	62
安 徽	91	35	6	24	2	333	93	81	68	74
福 建	46	13	12	6	0	369	90	87	58	51
江 西	32	1	1	29	1	338	104	94	76	50
山 东	671	57	151	356	22	481	101	78	100	75
河 南	314	40	40	213	19	722	266	174	153	117
湖 北	255	113	73	48	20	640	278	134	161	52
湖 南	62	7	7	36	9	450	150	109	125	49
广 东	85	6	15	34	0	455	82	117	91	58
广 西	34	7	7	19	0	615	123	107	256	99
海 南	0	0	0	0	0	5	2	3	0	0
重 庆	238	34	39	158	7	545	187	134	138	84
四 川	197	3	2	114	0	531	131	115	163	78
贵 州	44	42	0	0	0	170	74	25	52	19
云 南	114	3	1	3	0	298	127	59	72	16
西 藏	37	0	0	13	1	61	10	19	10	0
陕 西	188	22	6	54	11	464	53	28	228	83
甘 肃	634	53	86	386	45	895	235	222	258	170
青 海	15	1	1	8	0	804	315	174	301	14
宁 夏	39	0	0	39	0	162	37	60	37	28
新 疆	13	0	0	11	0	529	181	104	167	40
新疆建设兵团	156	7	35	67	7	113	36	41	26	6

5-10 续表 8

地 区	科普示范县(市、区)(个)	科普示范街道(乡镇)(个)	科普示范社区(村)(个)	科普示范户(个)	科技下乡、科教进社区次数		
					合 计(次)	科技下乡(次)	科教进社区(次)
合 计	**514**	**2872**	**8134**	**201336**	**13141**	**8184**	**4957**
北 京	5	42	213	955	1236	542	694
天 津	9	54	347	1750	526	398	128
河 北	29	38	99	1301	170	55	115
山 西	6	80	96	3839	298	204	94
内蒙古	20	100	178	5438	347	209	138
辽 宁	50	342	1567	25880	891	760	131
吉 林	6	48	87	1776	206	98	108
黑龙江	19	18	75	1577	710	620	90
上 海	13	52	1203	2925	1611	1077	534
江 苏	40	87	139	250	282	167	115
浙 江	12	169	491	419	256	196	60
安 徽	12	61	71	241	224	92	132
福 建	9	32	19	0	110	48	62
江 西	12	6	75	2139	518	349	169
山 东	50	197	240	22445	654	314	340
河 南	19	290	452	343	440	209	231
湖 北	18	112	277	919	963	446	517
湖 南	43	364	511	44072	317	225	92
广 东	12	32	81	4788	580	351	229
广 西	32	19	88	3761	266	199	67
海 南	0	0	0	0	15	10	5
重 庆	0	86	247	6459	429	202	227
四 川	29	258	200	7883	421	326	95
贵 州	3	0	27	0	45	25	20
云 南	0	17	67	18233	87	68	19
西 藏	3	5	5	215	17	15	2
陕 西	19	113	60	3366	173	119	54
甘 肃	25	199	1028	28549	595	403	192
青 海	2	0	4	54	60	31	29
宁 夏	2	11	62	3405	117	72	45
新 疆	4	19	77	6851	399	212	187
新疆建设兵团	11	21	48	1503	178	142	36

5-10 续表 9

地 区	覆盖村				覆盖社区			
	合 计（个次）	科普日（个）	科技周（个）	科技下乡（个）	合 计（个次）	科普日（个）	科技周（个）	科教进社区（个）
合 计	**39616**	**7953**	**7563**	**18821**	**14319**	**3555**	**3758**	**4600**
北 京	1453	342	477	634	1565	201	500	861
天 津	1233	526	929	600	1073	283	358	421
河 北	375	24	14	215	193	48	15	86
山 西	1239	621	33	713	147	57	26	87
内蒙古	1157	226	242	582	596	247	170	163
辽 宁	7652	1283	871	2477	2401	645	535	142
吉 林	699	6	78	561	229	53	148	79
黑龙江	369	58	37	182	340	84	25	185
上 海	992	366	299	237	1238	461	477	260
江 苏	640	149	196	280	267	40	75	139
浙 江	286	78	93	94	217	82	67	61
安 徽	1183	431	416	159	703	211	193	215
福 建	292	24	30	223	143	45	48	46
江 西	930	162	56	201	128	5	18	31
山 东	1002	64	153	326	983	47	75	139
河 南	1796	225	267	1235	424	57	90	270
湖 北	526	178	116	232	531	165	153	213
湖 南	384	95	27	245	136	45	13	73
广 东	1572	201	359	984	375	71	148	126
广 西	1063	164	95	493	216	23	23	39
海 南	10	0	4	6	5	1	2	2
重 庆	2010	339	718	941	1013	324	300	435
四 川	1429	27	22	319	208	23	12	71
贵 州	80	15	12	53	23	11	5	7
云 南	506	88	28	360	59	22	24	13
西 藏	164	3	3	14	10	3	3	0
陕 西	1504	91	32	1353	364	125	73	165
甘 肃	7159	1823	1560	4393	358	103	116	138
青 海	109	26	30	53	12	3	4	5
宁 夏	196	30	47	119	74	13	15	46
新 疆	815	66	79	299	214	43	33	49
新疆建设兵团	791	222	240	238	74	14	14	33

5－11 各地区县级科协科学技术普及活动

地 区	举办科普讲座									
						#院士科普报告会				
	合 计 (次)	科普日 (次)	科技周 (次)	科技下乡 (次)	科教进社区 (次)	合 计 (次)	科普日 (次)	科技周 (次)	科技下乡 (次)	科教进社区 (次)
合 计	**86715**	**8763**	**11985**	**26547**	**18002**	**641**	**176**	**138**	**109**	**106**
北 京	260	74	85	64	30	0	0	0	0	0
天 津	309	7	78	186	19	0	0	0	0	0
河 北	3358	339	484	1340	538	22	10	8	3	1
山 西	2868	290	299	737	307	31	5	5	0	2
内蒙古	3992	336	564	1839	539	12	1	4	4	2
辽 宁	6261	600	748	1842	1861	25	6	3	5	1
吉 林	2051	99	160	511	319	2	1	0	0	0
黑龙江	2871	318	410	1250	528	0	0	0	0	0
上 海	218	0	0	0	0	0	0	0	0	0
江 苏	7754	763	1413	1090	2182	51	8	19	11	11
浙 江	6002	619	968	1385	2165	43	15	15	4	7
安 徽	3662	409	506	951	754	50	5	5	4	9
福 建	3609	394	472	843	731	37	27	3	2	2
江 西	1995	179	274	670	447	19	2	3	4	9
山 东	5743	491	801	2305	1343	60	18	14	11	11
河 南	4039	351	489	1431	574	12	3	1	5	2
湖 北	3333	581	467	540	925	17	9	4	1	0
湖 南	2610	364	343	915	495	16	7	1	2	6
广 东	2845	321	481	612	644	41	6	17	6	2
广 西	1937	164	251	627	328	7	0	2	0	4
海 南	380	42	72	97	32	9	3	2	2	2
重 庆	492	60	53	104	73	11	7	2	0	2
四 川	3212	387	458	1035	595	23	9	2	4	8
贵 州	1444	127	120	348	123	8	2	1	0	1
云 南	1393	272	253	348	222	15	6	1	2	2
西 藏	55	17	10	25	1	0	0	0	0	0
陕 西	3375	320	409	1298	460	23	7	5	4	3
甘 肃	2957	343	358	1271	545	31	9	4	10	6
青 海	442	38	60	156	46	20	2	8	5	2
宁 夏	894	131	223	200	137	8	7	1	0	0
新 疆	6354	327	676	2527	1039	48	1	8	20	11

5-11 续表 1

地　区	举办科普展览									
	合　计(次)	科普日(次)	科技周(次)	科技下乡(次)	科教进社　区(次)	#举办专题展览				
						合　计(次)	科普日(次)	科技周(次)	科技下乡(次)	科教进社　区(次)
合　计	**46227**	**5760**	**7387**	**11855**	**8370**	**12960**	**2597**	**2883**	**3320**	**3269**
北　京	43	3	31	3	2	11	1	10	0	0
天　津	124	7	64	30	12	10	1	2	0	7
河　北	2183	305	360	637	301	605	124	126	229	120
山　西	1621	168	258	609	152	406	71	103	95	56
内蒙古	1459	190	239	386	318	528	94	122	150	149
辽　宁	1821	268	228	324	384	576	104	74	134	184
吉　林	773	61	94	133	84	212	30	27	20	27
黑龙江	1025	157	165	302	176	352	68	56	143	73
上　海	12	0	0	0	0	12	0	0	0	0
江　苏	3309	378	701	510	623	1017	208	346	191	237
浙　江	2695	347	488	464	309	369	91	108	75	83
安　徽	2365	289	376	500	418	571	99	134	140	143
福　建	2172	300	314	455	378	487	96	125	99	119
江　西	1370	140	188	338	250	303	57	68	75	80
山　东	2279	302	437	524	564	725	121	143	172	206
河　南	2722	308	432	991	445	660	151	134	217	125
湖　北	2224	347	304	314	574	768	171	152	115	298
湖　南	1579	280	261	440	253	387	108	80	106	89
广　东	2459	255	363	286	971	849	174	198	68	333
广　西	1269	121	180	388	193	346	63	63	134	72
海　南	378	43	85	135	30	123	20	41	40	22
重　庆	305	55	54	72	55	107	29	25	22	29
四　川	3065	256	310	1393	514	587	105	102	198	157
贵　州	717	113	93	177	113	165	50	38	32	34
云　南	1372	276	276	373	219	462	120	115	110	85
西　藏	22	14	7	1	0	4	2	1	1	0
陕　西	2247	218	278	792	287	673	128	128	268	123
甘　肃	1581	194	254	530	241	626	104	126	217	133
青　海	420	57	85	146	33	148	24	36	54	18
宁　夏	748	95	175	188	94	270	48	73	77	72
新　疆	1868	213	287	414	377	601	135	127	138	195

5-11 续表 2

地 区	科普讲座受众人数					科普展览受众人数				
	合 计（人次）	科普日（人次）	科技周（人次）	科技下乡（人次）	科教进社区（人次）	合 计（人次）	科普日（人次）	科技周（人次）	科技下乡（人次）	科教进社区（人次）
合 计	**47648280**	**5385520**	**6830587**	**12239410**	**5419940**	**71832582**	**11455808**	**13279938**	**17282320**	**9177073**
北 京	39030	7300	5570	11000	2400	35406	8553	11800	900	1600
天 津	111192	2946	25230	63650	8460	113251	7260	10564	67889	14658
河 北	1680485	192512	256400	570260	163893	2790912	413575	477700	639011	307900
山 西	2088592	332950	327267	454025	267700	2326922	417810	489797	442146	227921
内蒙古	1571855	229824	249178	582811	179043	1913593	340335	459831	420301	295638
辽 宁	2680686	133971	238410	336745	413439	2221640	411372	273003	326580	248070
吉 林	798274	65800	130295	247796	56368	863232	78590	213200	199640	32200
黑龙江	1376764	169321	294325	450645	227297	1231527	161986	194076	193888	221020
上 海	8000	0	0	0	0	20000	0	0	0	0
江 苏	4754445	319659	790626	1357699	528040	5615538	540486	1456062	806059	810390
浙 江	1426284	221709	253063	242250	253547	3472304	627406	742998	566245	369559
安 徽	2469934	262650	275533	474395	259378	3026478	344671	564115	648128	394530
福 建	1212189	199336	219869	260437	116828	2195146	346066	405581	416304	266285
江 西	621667	67231	115216	162964	82338	1641232	171873	264445	452309	155897
山 东	3061037	390836	570069	984520	548926	3734652	490039	649187	1033395	531326
河 南	2543420	312623	423393	899434	235867	3859598	682675	736113	1251852	399782
湖 北	1868457	348593	276042	375475	285837	4885695	1224930	714060	786875	851708
湖 南	1790533	248986	247715	609632	187901	4329694	1028341	816947	1179624	568950
广 东	1315970	140815	223700	222403	197619	3347866	344892	553761	517742	494761
广 西	1915726	175950	191980	393110	193096	3116679	394352	480935	1035163	318405
海 南	218260	19050	22572	36347	37894	810040	69154	70844	160373	214591
重 庆	366270	36594	28415	51764	37127	1302990	237265	186725	339523	138517
四 川	3521921	299892	393056	780081	232865	4431017	624337	688527	1471086	692505
贵 州	409732	49643	52300	82861	39142	1368270	301625	236804	299015	135528
云 南	940842	168277	159246	226252	182213	3769813	981069	869010	938752	446486
西 藏	66800	29400	10000	27300	100	33500	18000	10500	5000	0
陕 西	2623640	283211	313778	750958	225686	3202492	343701	394134	1180723	327653
甘 肃	1372274	174181	203106	460414	142730	2616276	313015	427051	1078329	291991
青 海	221793	35252	43492	53796	29888	625575	86401	184960	212070	29561
宁 夏	543667	38893	79853	96618	32379	1220011	200950	356650	190480	124150
新 疆	4028541	428115	410888	973768	251939	1711233	245079	340558	422918	265491

5-11 续表 3

地　区	播放科普广播、影视节目									
	合　计 (分钟)	科普日 (分钟)	科技周 (分钟)	科技下乡 (分钟)	科教进社区 (分钟)	#电台、电视台播放科普节目				
						合　计 (分钟)	科普日 (分钟)	科技周 (分钟)	科技下乡 (分钟)	科教进社区 (分钟)
合　计	**2579217**	**174374**	**289544**	**680630**	**400155**	**1485057**	**89119**	**147038**	**275445**	**201299**
北　京	0	0	0	0	0	0	0	0	0	0
天　津	5710	200	265	4550	95	5670	180	265	4550	75
河　北	18837	1989	3128	7310	2755	12465	1101	1602	4519	1218
山　西	57958	1990	3209	4496	6755	52709	1564	2534	2701	6619
内蒙古	94583	10694	10491	19508	11787	68253	8382	7165	11109	6154
辽　宁	101622	3889	6750	19130	12365	55229	2046	3119	4689	3777
吉　林	26707	3766	3825	6700	4345	18013	613	1943	4625	3021
黑龙江	48872	2030	2463	11291	19944	23423	1274	1335	1976	15418
上　海	1564	0	0	0	0	1564	0	0	0	0
江　苏	133066	11751	21596	36872	33862	74014	4457	10567	16679	21082
浙　江	140579	5989	4777	27007	12026	104062	3043	2390	12937	1013
安　徽	119735	8727	9951	13272	33756	32244	2494	3175	3226	1491
福　建	176409	8942	15231	16590	9719	97578	5410	8576	6447	3521
江　西	37501	4157	20288	4538	2190	33042	3375	19452	2561	1136
山　东	14465	1004	1507	1924	2781	10746	361	594	851	1537
河　南	105809	6478	10323	27170	9398	76071	3396	4509	12628	5501
湖　北	54284	8757	8786	13328	14657	35024	4355	4476	7903	10100
湖　南	112953	13358	14001	30154	20033	62900	7966	6227	9442	9724
广　东	142576	3460	5243	21444	13822	49987	1187	2728	10492	10317
广　西	138144	10485	18724	42310	24836	80103	5715	12830	24719	9566
海　南	27686	428	663	5200	3645	25465	312	383	3585	3435
重　庆	23625	2925	2715	5820	5955	17515	1745	1265	4120	4815
四　川	301264	16425	43493	99882	43258	150217	7353	13619	18042	21781
贵　州	34762	3709	3953	5082	4513	25466	2699	3274	2406	2802
云　南	105652	10790	14481	35547	25345	37751	2805	3131	10339	6071
西　藏	0	0	0	0	0	0	0	0	0	0
陕　西	145629	10237	23454	75223	28598	64909	5596	8377	31124	12997
甘　肃	89631	7335	11506	24186	23183	60387	2966	5018	14846	16107
青　海	35671	953	1079	3149	770	32628	891	1027	3140	750
宁　夏	29535	2272	5114	8292	5272	26194	1272	4463	7072	4442
新　疆	254388	11634	22528	110655	24490	151428	6561	12994	38717	16829

5-11 续表 4

地区	举办实用技术培训									
	合计(次)	科普日(次)	科技周(次)	科技下乡(次)	科教进社区(次)	培训人数				
						合计(人次)	科普日(人次)	科技周(人次)	科技下乡(人次)	科教进社区(人次)
合计	**172956**	**10357**	**15476**	**86362**	**17641**	**27874007**	**2050696**	**2963568**	**15596211**	**2198487**
北京	270	25	50	190	5	20320	3160	4190	12670	300
天津	763	96	86	542	39	64497	5678	4715	51655	2449
河北	3290	407	550	1945	244	802683	111050	142850	461818	75755
山西	3110	808	554	1188	185	687166	85926	98523	331001	33047
内蒙古	7453	205	509	5981	533	1274399	84650	137813	769192	117741
辽宁	8917	394	429	4333	502	3315181	82621	139967	1944084	119130
吉林	3534	95	160	2363	306	727111	24890	64741	504590	54530
黑龙江	3556	231	358	2078	228	694287	47768	75720	405251	74538
上海	1026	0	0	0	0	138696	0	0	0	0
江苏	9072	625	1329	3584	978	1633932	160102	315617	777677	130375
浙江	7528	511	611	2036	411	611083	51812	54628	183624	42567
安徽	2880	304	445	1565	386	621026	47271	76299	264946	41790
福建	3354	286	307	1748	269	366819	47624	34861	156266	24189
江西	1657	153	246	875	283	290483	25613	34553	139262	45491
山东	4248	277	613	2041	517	892272	90945	154857	414865	100929
河南	4736	271	465	3366	401	1594380	97316	134744	1187698	102034
湖北	4075	586	623	2184	491	1121538	147269	170261	602089	86412
湖南	3223	310	365	1821	366	536708	50735	56952	330608	55403
广东	3049	112	312	1835	160	424524	19840	53494	215841	27399
广西	6505	530	784	4249	546	1040348	77412	121074	681953	109664
海南	1834	116	424	1152	97	263462	14307	48785	126534	11131
重庆	700	144	138	353	65	146377	18079	18162	100825	7151
四川	5505	513	724	2909	470	1365706	135496	156098	699793	123020
贵州	2297	311	300	1416	76	290637	37137	35170	190979	12795
云南	20675	1283	1520	8558	2202	1940817	130865	180775	706628	348014
西藏	6	0	0	0	0	6000	0	0	0	0
陕西	12656	490	1136	4331	5497	1675486	147729	196894	775762	153153
甘肃	19456	648	914	3432	1059	1173799	119282	187720	618812	141196
青海	720	55	113	273	29	194934	10482	18849	99073	10638
宁夏	3051	86	160	2647	81	561380	29241	65260	429669	20010
新疆	23810	485	1251	17367	1215	3397956	146396	179996	2413046	127636

5-11 续表 5

地区	发放科普宣传资料					开展科技咨询				
	合计（份）	科普日（份）	科技周（份）	科技下乡（份）	科教进社区（份）	合计（次）	科普日（次）	科技周（次）	科技下乡（次）	科教进社区（次）
合　计	**112767393**	**21738567**	**24510416**	**40615615**	**15010893**	**236742**	**43968**	**43021**	**95310**	**28829**
北　京	33450	10800	15500	4800	2350	38	2	10	21	5
天　津	566430	18400	252600	287800	7630	151	5	41	90	15
河　北	2673485	531925	573390	1109760	341710	3886	548	541	2222	470
山　西	2969531	520385	593274	880792	258317	2447	372	301	658	173
内蒙古	3605923	581050	770440	976740	871593	16695	2111	2564	9319	1552
辽　宁	5439779	742720	779900	2516650	654705	11296	1597	1473	4735	1515
吉　林	2468550	201590	281150	786400	104300	8945	579	1088	4059	557
黑龙江	1794080	227940	282320	843520	230530	3936	681	700	1435	461
上　海	85000	0	0	0	0	127	0	0	0	0
江　苏	7018190	1076850	2421180	1782940	1294700	4403	576	1283	953	1196
浙　江	5575476	1384885	1428769	1559446	829616	15722	952	1111	2426	1191
安　徽	3187461	633362	669440	1067468	600073	5794	1354	1467	2138	730
福　建	2619978	537988	624591	781675	514497	6212	880	1353	2584	790
江　西	1358215	253406	337736	477407	226966	1357	150	302	576	218
山　东	2994339	574700	598927	986116	582712	14430	885	2546	8342	786
河　南	4862716	827470	1173200	2079421	554645	4240	665	831	2006	628
湖　北	4610610	1194612	975092	1582632	625682	16375	9109	3403	2924	795
湖　南	7213458	2284143	1367664	2164621	983960	6958	1297	1355	2354	1585
广　东	3824730	484684	804761	960800	768909	1586	148	244	551	298
广　西	6138298	772231	1057552	2906285	680580	19751	3415	2915	8490	4879
海　南	647691	108815	166469	232587	93125	430	69	94	172	94
重　庆	4607250	1677500	993250	1189000	481500	9938	1892	1662	5299	977
四　川	11426747	1536772	2237324	5212190	1518804	21568	3319	6017	8114	3510
贵　州	3001888	810070	705444	784150	343825	4444	1803	1264	966	278
云　南	6092698	1872145	1607142	1757651	454006	3555	814	617	1243	807
西　藏	26580	1080	2000	6200	0	3	1	0	2	0
陕　西	6852270	1032896	1127454	3163260	826300	12112	914	1680	6007	2035
甘　肃	4051274	790408	979635	1387291	477490	15289	8205	2052	2895	830
青　海	737696	116540	173486	339087	43890	1310	187	391	654	60
宁　夏	1752600	303420	602650	558350	111910	2882	299	759	1341	483
新　疆	4531000	629780	908076	2230576	526568	20862	1139	4957	12734	1911

5-11 续表 6

地　区	参加活动工作人员总数									
	合　计（人次）	科普日（人次）	科技周（人次）	科技下乡（人次）	科教进社　区（人次）	#专家人数				
						合　计（人次）	科普日（人次）	科技周（人次）	科技下乡（人次）	科教进社　区（人次）
合　计	**1053454**	**194040**	**211204**	**384785**	**140304**	**214437**	**32195**	**42618**	**87543**	**27929**
北　京	620	50	110	410	10	400	45	55	295	5
天　津	18737	453	2571	15452	261	4514	127	1173	3078	136
河　北	23901	4815	5257	9505	3156	5245	1035	972	2065	505
山　西	20431	3665	4678	5670	2158	2633	366	728	926	230
内蒙古	37594	6170	8424	16279	4582	5070	732	1287	2559	440
辽　宁	42828	8472	5252	8254	6907	6704	1053	878	1862	919
吉　林	12242	2514	1521	6370	1502	3236	228	237	2392	290
黑龙江	13439	2307	2980	5649	1326	4156	472	604	2204	374
上　海	0	0	0	0	0	0	0	0	0	0
江　苏	72312	10979	21485	16647	16242	26589	3645	7020	8211	4920
浙　江	72794	23103	23918	12415	5513	20243	3560	6059	5587	2464
安　徽	31704	6646	8511	8652	6013	8238	1563	1674	2718	1251
福　建	39098	6577	7524	8610	7004	10201	1703	1758	2937	1993
江　西	22078	3149	4436	9562	2672	6549	856	1270	2659	866
山　东	42808	6261	8775	17643	5622	12432	1534	2246	5054	1769
河　南	51693	9391	10231	24518	6822	14957	1760	2323	9023	1421
湖　北	55351	11782	10404	20380	10045	13967	2567	2241	5189	3299
湖　南	31655	9088	6179	10683	4610	7094	1774	1442	2621	879
广　东	34711	6475	7645	11198	4901	7552	952	1511	1892	978
广　西	65835	8568	9253	27175	6023	10726	1289	1568	5426	1323
海　南	27149	3105	4814	9669	3395	2651	407	566	1165	102
重　庆	25499	5510	3016	6539	1470	1566	290	304	698	244
四　川	73867	10452	13074	34715	8666	11249	1350	1883	5699	1267
贵　州	28414	7765	5540	11091	2581	3442	1057	513	1260	300
云　南	79556	21022	11078	24151	16112	6936	1745	1292	2899	586
西　藏	64	12	24	28	0	3	0	0	0	0
陕　西	47996	6851	7460	26569	5171	5324	835	996	2638	580
甘　肃	20446	2720	4372	7783	2372	4435	450	578	1379	278
青　海	5807	640	1614	1810	515	790	108	153	285	77
宁　夏	12145	1658	3650	3112	865	931	103	259	292	119
新　疆	42680	3840	7408	24246	3788	6604	589	1028	4530	314

5-11 续表 7

地区	推广新技术、新品种					参加活动的所属学会、协会、研究会				
	合计(项)	科普日(项)	科技周(项)	科技下乡(项)	科教进社区(项)	合计(个次)	科普日(个)	科技周(个)	科技下乡(个)	科教进社区(个)
合计	**28899**	**3131**	**4388**	**13408**	**1812**	**58106**	**12431**	**12820**	**18258**	**7626**
北京	13	1	3	9	0	20	2	8	10	0
天津	179	10	26	135	8	109	17	30	45	17
河北	1287	182	185	680	45	2565	654	617	874	228
山西	589	52	95	260	15	1531	238	259	532	60
内蒙古	1440	91	152	718	52	1854	300	374	703	320
辽宁	2487	230	200	939	90	2580	551	389	585	413
吉林	566	42	65	404	3	1035	162	142	518	84
黑龙江	938	67	113	563	49	1959	508	351	714	181
上海	0	0	0	0	0	30	0	0	0	0
江苏	2747	235	646	977	221	4229	743	1387	941	901
浙江	965	104	145	350	42	3347	683	792	978	661
安徽	1142	147	190	519	66	2411	557	572	780	270
福建	1110	99	240	459	113	2687	437	466	602	291
江西	533	65	89	267	70	1997	357	449	705	363
山东	1934	205	334	818	187	2867	611	641	768	361
河南	1349	181	257	611	73	3263	808	835	1051	357
湖北	1231	239	203	487	110	2453	621	481	718	379
湖南	1490	259	280	692	153	3278	984	716	898	474
广东	587	17	39	337	41	1791	358	440	514	241
广西	692	77	108	365	33	2569	555	594	897	288
海南	158	13	24	93	11	1187	264	263	337	94
重庆	264	27	38	97	77	1251	314	279	481	177
四川	2288	227	330	1160	112	4295	664	810	1474	526
贵州	211	31	36	115	13	1644	472	381	512	201
云南	603	76	80	272	11	1639	515	366	505	146
西藏	2	0	0	0	0	0	0	0	0	0
陕西	1038	166	164	561	56	1751	359	335	654	184
甘肃	1408	180	188	795	73	1761	348	401	714	215
青海	236	12	23	94	3	346	48	47	122	27
宁夏	198	25	36	82	21	373	100	128	73	32
新疆	1214	71	99	549	64	1284	201	267	553	135

5-11 续表 8

地　区	科普示范街道(乡镇)(个)	科普示范社区(村)(个)	科普示范户(个)	科技下乡、科教进社区次数		
				合　计(次)	科技下乡(次)	科教进社区(次)
合　计	**7885**	**51003**	**2258343**	**89024**	**61244**	**27780**
北　京	5	70	120	167	105	62
天　津	16	141	1790	2609	2502	107
河　北	345	2321	66554	3705	2689	1016
山　西	320	3443	303911	2426	1906	520
内蒙古	218	1122	24055	4400	3589	811
辽　宁	311	2035	23633	7282	5696	1586
吉　林	149	727	17508	3969	3001	968
黑龙江	300	820	30707	1673	1179	494
上　海	1	50	1500	1155	800	355
江　苏	399	2720	89989	4784	2511	2273
浙　江	350	3045	15507	4264	1939	2325
安　徽	216	944	61671	2863	1252	1611
福　建	148	1004	34554	3693	2402	1291
江　西	244	1303	36389	1550	994	556
山　东	407	4250	129979	4651	2869	1782
河　南	874	5280	159230	4273	3034	1239
湖　北	240	1448	45525	3188	2037	1151
湖　南	543	3387	152901	2427	1637	790
广　东	213	1361	31489	4018	1937	2081
广　西	303	1574	97931	2604	1883	721
海　南	55	844	20663	1591	1184	407
重　庆	105	660	35867	653	462	191
四　川	883	4719	308150	2791	1868	923
贵　州	161	1132	66028	1791	1444	347
云　南	124	1301	131819	3785	2129	1656
西　藏	0	0	3	3	3	0
陕　西	435	1930	56833	2697	2180	517
甘　肃	295	1646	167034	2204	1719	485
青　海	26	413	6146	300	197	103
宁　夏	35	217	9479	602	426	176
新　疆	164	1096	131378	6906	5670	1236

5-11 续表 9

地区	覆盖村 合计（个次）	覆盖村 科普日（个）	覆盖村 科技周（个）	覆盖村 科技下乡（个）	覆盖社区 合计（个次）	覆盖社区 科普日（个）	覆盖社区 科技周（个）	覆盖社区 科教进社区（个）
合　计	**271029**	**44538**	**52166**	**146015**	**41585**	**12948**	**11763**	**18334**
北　京	379	10	72	297	36	3	4	29
天　津	3228	975	1268	1278	87	45	46	10
河　北	15783	2133	2727	10269	1699	420	450	822
山　西	11813	1768	2235	5801	765	224	165	350
内蒙古	7176	834	1243	4552	1338	412	348	475
辽　宁	10244	1475	1399	3888	2890	768	680	1398
吉　林	4434	296	309	3523	1068	221	251	500
黑龙江	4622	252	604	3057	859	171	220	354
上　海	272	0	0	0	71	0	0	0
江　苏	11108	2659	4193	5613	3641	1045	1419	1494
浙　江	10073	2678	2826	4156	2263	671	670	790
安　徽	8478	1941	2089	4589	1713	586	650	963
福　建	6465	1189	1551	3648	1450	332	348	746
江　西	8022	1429	2052	3926	767	172	243	353
山　东	38873	4203	6218	16381	3891	646	855	1646
河　南	18253	2220	2588	11278	2046	413	448	1000
湖　北	9395	2674	1847	4483	2572	1011	934	1111
湖　南	16966	3035	2806	10931	1690	457	365	870
广　东	7113	741	1008	3734	2225	460	439	1018
广　西	8275	1283	1594	4514	1077	261	314	592
海　南	3088	149	276	1701	142	39	38	68
重　庆	3826	989	872	1965	672	234	172	266
四　川	17639	3556	3524	8578	2558	551	535	715
贵　州	6173	1465	1317	3092	849	363	326	242
云　南	8262	1496	1372	4476	1179	1936	436	512
西　藏	46	0	0	0	0	0	0	0
陕　西	12425	2065	2203	8258	1035	340	321	652
甘　肃	8109	1417	1770	5326	1229	536	366	433
青　海	1580	88	183	864	99	12	18	37
宁　夏	1334	279	426	736	410	190	211	209
新　疆	7575	1239	1594	5101	1264	429	491	679

5－12 各地区省级学会科学技术普及活动

地 区	举办科普讲座									
	合 计 (次)	科普日 (次)	科技周 (次)	科技下乡 (次)	科教进社 区 (次)	#院士科普报告会				
						合 计 (次)	科普日 (次)	科技周 (次)	科技下乡 (次)	科教进社 区 (次)
合 计	**25031**	**2614**	**2744**	**4628**	**5316**	**392**	**93**	**49**	**25**	**43**
北 京	1464	95	153	102	669	47	7	9	3	17
天 津	879	148	348	179	100	13	5	6	0	0
河 北	630	68	107	270	152	4	2	2	0	0
山 西	502	56	46	100	66	12	2	1	0	2
内蒙古	67	18	15	27	7	0	0	0	0	0
辽 宁	649	84	56	123	84	17	5	1	0	0
吉 林	677	76	52	346	97	7	3	0	0	0
黑龙江	353	150	25	62	107	2	2	0	0	0
上 海	3756	144	149	88	498	29	9	1	0	2
江 苏	528	32	68	72	65	19	2	2	0	2
浙 江	613	90	53	204	114	14	7	1	4	0
安 徽	689	79	57	109	89	5	2	2	0	0
福 建	1070	138	113	316	100	15	6	1	0	0
江 西	769	64	60	233	152	1	0	0	0	0
山 东	621	183	156	64	130	9	1	0	0	0
河 南	309	66	51	99	53	14	0	0	0	12
湖 北	395	47	48	89	39	14	5	3	1	0
湖 南	2651	58	65	158	1342	7	1	2	2	0
广 东	957	119	189	131	371	22	4	8	0	1
广 西	1251	216	293	543	102	4	1	0	0	0
海 南	209	18	6	110	18	3	0	0	0	0
重 庆	1462	231	71	331	349	46	6	2	2	4
四 川	275	64	35	140	34	10	5	3	2	0
贵 州	135	10	6	23	21	5	0	0	0	0
云 南	613	31	39	254	110	6	2	0	0	2
西 藏	127	23	14	79	11	3	3	0	0	0
陕 西	1661	198	95	104	117	33	8	3	2	1
甘 肃	359	28	27	74	33	4	2	1	0	0
青 海	119	15	10	12	12	0	0	0	0	0
宁 夏	247	18	19	41	18	6	3	1	0	0
新 疆	994	47	318	145	256	21	0	0	9	0

5-12 续表 1

地 区	合 计（人次）	科普讲座受众人数			
		科普日（人次）	科技周（人次）	科技下乡（人次）	科教进社区（人次）
合 计	**8564124**	**915249**	**1878509**	**1816692**	**1577906**
北 京	430418	18991	32333	12592	82998
天 津	223769	50065	62296	39197	42880
河 北	293797	30020	150940	53925	44110
山 西	89513	13130	10000	15040	11925
内蒙古	23374	8071	5450	7550	2303
辽 宁	458074	47675	40075	79264	60530
吉 林	106664	15684	12186	32643	10962
黑龙江	52538	24686	5800	4552	17500
上 海	999753	99085	43879	11240	569199
江 苏	382894	27662	28422	12512	37550
浙 江	235496	31934	25097	74969	85068
安 徽	151461	11437	22626	22842	10550
福 建	227533	48070	29302	52739	30280
江 西	111319	23483	9753	35217	14335
山 东	210757	52194	88021	35169	11857
河 南	142954	35710	31680	52800	15409
湖 北	282734	48986	36816	41990	9740
湖 南	477842	62137	73450	49864	176783
广 东	208698	24521	37960	28722	102269
广 西	359130	58788	95471	124291	26933
海 南	393241	4989	3650	318315	8985
重 庆	323942	48625	61505	51411	100823
四 川	50516	13830	6180	23706	6800
贵 州	40582	5930	6210	5750	8290
云 南	184945	11752	10923	92983	23270
西 藏	407754	5600	2645	393940	5569
陕 西	282337	33465	55427	29321	19339
甘 肃	172005	6986	7920	56625	7209
青 海	88151	21695	11595	10300	2016
宁 夏	160234	5110	8790	13990	1677
新 疆	991699	24938	862107	33233	30747

5-12 续表 2

地 区	举办科普展览									
	合 计(次)	科普日(次)	科技周(次)	科技下乡(次)	科教进社 区(次)	#举办专题展览				
						合 计(次)	科普日(次)	科技周(次)	科技下乡(次)	科教进社 区(次)
合 计	**6015**	**838**	**955**	**882**	**827**	**2210**	**393**	**358**	**225**	**353**
北 京	297	39	63	41	118	166	18	38	13	87
天 津	251	32	71	119	7	59	12	34	5	3
河 北	112	19	35	33	22	40	12	15	4	6
山 西	125	43	13	8	12	29	13	2	2	5
内蒙古	24	7	4	7	4	13	4	3	2	3
辽 宁	399	11	11	7	5	342	7	4	6	5
吉 林	35	11	7	0	1	24	6	5	0	1
黑龙江	33	25	3	3	2	25	19	2	2	1
上 海	486	21	35	3	47	114	13	21	3	39
江 苏	140	21	20	2	10	79	11	18	2	6
浙 江	87	13	19	35	7	37	3	12	8	4
安 徽	211	35	34	24	12	103	16	13	6	3
福 建	449	81	98	86	127	171	36	25	23	45
江 西	152	37	15	58	9	63	9	9	5	8
山 东	79	27	22	3	14	16	3	2	1	0
河 南	73	10	24	20	17	21	0	8	5	6
湖 北	211	15	24	142	8	41	7	11	11	3
湖 南	159	37	27	17	68	42	20	11	3	3
广 东	191	32	49	59	46	73	14	15	30	12
广 西	148	28	28	35	7	48	12	13	12	3
海 南	119	10	10	3	4	37	9	9	3	4
重 庆	196	38	18	23	52	116	31	7	5	7
四 川	29	11	6	5	7	10	4	2	3	1
贵 州	25	4	4	4	2	17	4	2	1	1
云 南	131	23	30	28	34	48	12	14	8	6
西 藏	41	18	11	6	5	15	8	2	2	2
陕 西	329	83	63	51	71	180	46	33	30	38
甘 肃	843	13	9	22	47	80	12	7	13	38
青 海	56	16	4	7	4	26	8	3	6	4
宁 夏	98	23	20	10	16	47	13	12	7	8
新 疆	486	55	178	21	42	128	11	6	4	1

5-12 续表 3

地　区	合　计（人次）	科普展览受众人数			
		科普日（人次）	科技周（人次）	科技下乡（人次）	科教进社区（人次）
合　计	**15847425**	**3853145**	**3295502**	**1163236**	**885879**
北　京	4069802	2084476	1603830	13326	35350
天　津	252922	46980	113977	47960	36020
河　北	211400	47300	116000	9800	25700
山　西	264598	52940	19820	7800	16338
内蒙古	58279	24279	22500	3500	2000
辽　宁	890126	34280	100800	3126	796
吉　林	152960	8600	6710	0	500
黑龙江	23920	11820	500	500	2000
上　海	1865256	177780	84466	843	188071
江　苏	585968	74928	173300	1400	36200
浙　江	1496979	9250	47050	55219	42360
安　徽	205920	48380	10050	4500	2500
福　建	697149	200715	120625	182050	110250
江　西	171726	60160	23090	55236	8690
山　东	58652	15247	21903	1400	3852
河　南	235800	52000	28800	109000	36000
湖　北	269372	60597	54350	33735	5700
湖　南	443053	79170	92813	219610	23580
广　东	467862	64377	84750	108398	84500
广　西	159599	35500	58450	24700	5800
海　南	470608	100300	110000	20000	30000
重　庆	358004	32151	41000	22451	67162
四　川	33000	7300	8550	14000	3150
贵　州	53185	14180	24705	1630	670
云　南	247300	40800	58300	57600	34300
西　藏	81390	70350	8940	1800	300
陕　西	782820	280310	193160	117370	53080
甘　肃	815196	12082	13194	8202	10420
青　海	113450	55500	10200	20300	650
宁　夏	170010	22101	11469	10700	2140
新　疆	141119	29292	32200	7080	17800

5-12 续表 4

地 区	合 计 (份)	发放科普宣传资料			
		科普日 (份)	科技周 (份)	科技下乡 (份)	科教进社区 (份)
合 计	**27338212**	**5082754**	**2110520**	**7838782**	**3163315**
北 京	446477	23400	153707	93850	58100
天 津	1100563	27237	156593	750960	43360
河 北	426072	66730	151530	82000	107506
山 西	505480	76150	54750	77650	26700
内蒙古	109440	10880	14220	31140	4000
辽 宁	370621	22100	36301	40400	2110
吉 林	209180	39800	31800	20280	2600
黑龙江	21503	11903	4100	3500	1000
上 海	2286926	397673	21290	11490	718702
江 苏	548751	54480	49490	110500	119850
浙 江	5163929	2216175	48203	271931	37950
安 徽	732563	137950	34800	226480	40713
福 建	5563596	138933	483020	4691973	93142
江 西	312437	102160	26380	80886	17950
山 东	240294	63323	15900	25743	31435
河 南	767680	292100	52250	321650	100240
湖 北	205077	15500	17632	23715	16640
湖 南	1117308	172396	94646	87106	184340
广 东	550190	99000	48360	96580	103730
广 西	268734	71550	48940	70764	11000
海 南	532033	22700	15000	21675	10000
重 庆	682895	122028	90396	68117	243825
四 川	77690	19450	13820	37020	5400
贵 州	172928	45558	41300	27765	6955
云 南	1502210	73900	57840	176840	998280
西 藏	170791	112546	41325	9460	0
陕 西	992289	249620	133843	156550	83015
甘 肃	514032	22197	32214	166812	32710
青 海	475400	327000	61500	1600	21300
宁 夏	784000	10700	27200	27800	1200
新 疆	487123	37615	52170	26545	39562

5-12 续表 5

地　区	播放科普广播、影视节目									
	合　计(分钟)	科普日(分钟)	科技周(分钟)	科技下乡(分钟)	科教进社　区(分钟)	#电台、电视台播放科普节目				
						合　计(分钟)	科普日(分钟)	科技周(分钟)	科技下乡(分钟)	科教进社　区(分钟)
合　计	**155943**	**15899**	**21473**	**28671**	**19460**	**69997**	**7695**	**3683**	**3167**	**4227**
北　京	970	335	255	0	80	390	30	30	0	30
天　津	7394	312	5019	291	100	2289	270	542	255	0
河　北	8052	880	2250	1682	1200	4022	580	500	1202	80
山　西	1800	23	400	100	610	615	13	0	0	310
内蒙古	350	120	30	150	50	80	20	15	25	20
辽　宁	14019	253	86	554	39	12693	92	86	54	39
吉　林	3791	635	2471	40	0	407	31	71	40	0
黑龙江	200	200	0	0	0	150	150	0	0	0
上　海	12570	0	170	0	240	1810	0	170	0	180
江　苏	5975	0	430	0	135	4245	0	40	0	105
浙　江	5898	13	264	200	50	1660	13	22	2	0
安　徽	8165	4191	282	82	0	6071	4040	142	81	0
福　建	5013	2829	1105	70	0	1097	223	552	69	0
江　西	3176	213	78	1165	575	1243	198	60	0	0
山　东	115	13	85	7	0	12	5	5	2	0
河　南	8880	690	660	5760	1110	0	0	0	0	0
湖　北	3760	940	840	890	450	1900	400	300	450	350
湖　南	25750	1380	2760	5460	8000	8890	45	215	40	0
广　东	1395	130	43	0	616	405	0	43	0	56
广　西	100	10	20	0	0	70	10	20	0	0
海　南	180	0	0	0	0	180	0	0	0	0
重　庆	3344	210	0	1270	1170	919	155	0	470	280
四　川	780	80	700	0	0	780	80	700	0	0
贵　州	1540	210	780	25	25	25	0	0	0	0
云　南	1182	101	431	200	210	378	0	0	0	138
西　藏	715	60	120	460	50	243	2	62	161	3
陕　西	5181	855	1744	315	1502	3138	785	52	36	1500
甘　肃	608	75	150	180	98	193	0	0	85	3
青　海	2634	584	220	170	20	1790	60	0	40	0
宁　夏	670	0	3	0	0	485	0	3	0	0
新　疆	21736	557	77	9600	3130	13817	493	53	155	1133

5-12 续表 6

地 区	参加活动工作人员总数									
	合 计（人次）	科普（人次）	科技周（人次）	科技下乡（人次）	科教进社区（人次）	#专家人数				
						合 计（人次）	科普日（人次）	科技周（人次）	科技下乡（人次）	科教进社区（人次）
合 计	**199249**	**33046**	**25222**	**63629**	**27431**	**92528**	**18315**	**10328**	**32247**	**11173**
北 京	9116	879	1864	805	2104	4228	368	720	499	902
天 津	4555	734	1623	1630	225	1696	347	601	574	95
河 北	3526	475	737	1092	852	1278	174	320	413	184
山 西	3476	403	326	806	313	713	85	121	128	72
内蒙古	643	154	102	184	60	300	60	51	75	39
辽 宁	6057	202	210	323	23	1908	111	93	109	15
吉 林	4184	475	1065	690	203	2048	167	45	496	125
黑龙江	2266	1251	212	433	170	739	494	63	110	72
上 海	16074	3809	3641	380	4833	2688	398	412	181	734
江 苏	4249	806	561	802	698	2397	322	272	618	490
浙 江	7679	456	401	1812	490	1434	229	107	456	134
安 徽	3341	679	380	907	195	1253	297	253	288	139
福 建	17533	2357	2056	6555	941	7940	1169	1484	2255	597
江 西	3225	711	558	694	517	1050	183	181	325	155
山 东	1733	613	392	184	40	824	364	132	75	23
河 南	2458	1121	385	679	175	1486	675	223	436	108
湖 北	1842	320	380	468	88	1006	157	196	182	65
湖 南	50658	10551	1390	30885	7114	33285	10169	1114	17169	4575
广 东	6766	972	2418	767	2053	3095	290	1352	479	686
广 西	5679	1107	2001	1393	30	1548	368	485	393	9
海 南	2831	70	10	116	13	1057	7	5	2	2
重 庆	8952	1209	443	1400	3067	4078	245	167	1000	787
四 川	1901	343	237	1126	195	919	157	88	571	103
贵 州	1701	183	208	273	182	695	87	138	115	75
云 南	4598	820	911	1679	774	2212	316	367	875	385
西 藏	901	311	334	174	70	133	53	44	36	0
陕 西	8960	1109	810	890	474	4494	454	259	463	143
甘 肃	2622	184	369	326	791	717	131	115	114	106
青 海	554	190	39	43	26	101	49	2	3	2
宁 夏	1856	165	162	38	43	352	89	83	15	32
新 疆	9313	387	997	6075	672	6854	300	835	3792	319

5-12 续表 7

地区	合计(次)	科技下乡、科教进社区次数		举办青少年科技竞赛		举办青少年科技夏、冬令营	
		科技下乡(次)	科教进社区(次)	次数(次)	参赛人数(人次)	次数(次)	参加人数(人次)
合计	**15392**	**7771**	**7621**	**550**	**1990626**	**278**	**58955**
北京	1118	277	841	26	92424	7	415
天津	796	715	81	21	14404	5	380
河北	243	139	104	11	39381	2	2231
山西	146	123	23	9	32340	1	30
内蒙古	20	17	3	4	14676	0	0
辽宁	2852	159	2693	30	75018	2	220
吉林	484	347	137	17	39137	6	1440
黑龙江	128	125	3	2	26	2	250
上海	1109	644	465	49	50902	55	8594
江苏	132	92	40	42	198580	28	17540
浙江	508	395	113	25	149239	13	2368
安徽	376	250	126	24	51870	9	408
福建	802	672	130	18	20152	10	1433
江西	612	411	201	12	9427	3	90
山东	125	96	29	13	21332	11	1766
河南	101	77	24	7	9475	2	82
湖北	253	205	48	4	56874	7	892
湖南	2095	743	1352	24	34788	23	3430
广东	411	250	161	27	542360	13	1584
广西	87	82	5	25	48976	9	1302
海南	248	244	4	4	1559	5	338
重庆	563	373	190	22	16399	12	7134
四川	158	140	18	4	100200	1	50
贵州	82	30	52	4	41650	5	127
云南	286	187	99	6	19600	13	1215
西藏	42	30	12	6	8595	4	65
陕西	616	347	269	36	71444	18	4270
甘肃	210	45	165	28	131419	2	50
青海	25	15	10	2	260	4	1000
宁夏	126	90	36	6	21958	1	20
新疆	638	451	187	42	76161	5	231

5-13 中国科协、省级科协青少年科技教育汇总表

指　　标	合　计		中国科协		省级科协	
	2008	2009	2008	2009	2008	2009
青少年科技教育活动和设施						
举办青少年科普讲座(报告)(次)	812	839	95	128	717	711
受众人数(万人次)	92	113	8	7	84	106
举办青少年科普展览(次)	299	325	0	1	299	324
受众人数(万人次)	124	149	0	1	124	148
举办青少年科技竞赛(次)	339	234	4	5	335	229
参加人数(万人次)	1066	883.4	0.23	0.4	1065	883
#举办青少年科技创新大赛(次)	39	36	1	1	38	35
参赛人数(万人次)	406	536.07	0.05	0.07	406	536
获奖人数(万人次)	2.14	2.24	0.05	0.04	2.09	2.2
组织青少年参加国际竞赛(次)	53	46	13	9	40	37
参赛人数(人次)	469	376	110	65	359	311
获奖人数(人次)	281	272	66	44	215	228
举办青少年科技夏冬令营(次)	98	138	2	1	96	137
参加人数(万人次)	2	1.584	0.01	0.004	1.59	1.58
举办青少年科技教育培训(次)	527	644	2	3	525	641
参加人数(万人次)	16	8.02	0.01	0.02	16	8
播放青少年科普广播、影视节目(小时)	13	137	0	4	13	133
编印青少年科技教育资料(种)	62	57	4	5	58	52
总印数（万份)	57	33	7	7	50	26
青少年科技教育机构情况						
机构数(个)	26	28	1	1	25	27
从业人员(人)	395	465	48	49	347	416
#高级职称人员	40	42	2	3	38	39
经费筹集额(千元)	123197	141319	77552	93013	45644	48306
#同级财政补助	79367	110651	51922	75319	27445	35332
上级科协拨款	7762	5380	—	—	7762	5380
捐赠和资助	14472	11186	13080	10999	1392	187
经费使用额(千元)	118792	134304	76389	92047	42403	42257
#活动经费	74211	72260	53258	50449	20952	21811
科普设施建设和维护费	17326	37629	15000	35060	2326	2569
对社会资助和捐赠	197	228	0	0	197	228

5-14 副省级城市科协、省会城市科协、地级科协、县级科协青少年科技教育汇总表

指标	合计		副省级、省会城市科协		地级科协		县级科协	
	2008	2009	2008	2009	2008	2009	2008	2009
青少年科技教育活动和设施								
举办青少年科普讲座(报告)(次)	19752	20493	237	536	4200	4421	15315	15536
受众人数(万人次)	1199	1472	17	32	235	268	947	1171
举办青少年科普展览(次)	11745	13244	239	204	2364	2941	9142	10099
受众人数(万人次)	1952	2004	158	90	425	478	1369	1436
举办青少年科技竞赛(次)	9401	10250	184	173	2270	3063	6947	7014
参加人数(万人次)	2109	1883	332	263	696	583	1081	1037
#举办青少年科技创新大赛(次)	2734	3699	36	39	422	1408	2276	2252
参赛人数(万人次)	913	854	179	160	285	241	449	454
获奖人数(万人次)	26	24	3	2	11	7	12	14
组织青少年参加国际竞赛(次)	209	189	9	10	84	91	116	88
参赛人数(人次)	8275	10234	581	71	1761	4823	5933	5340
获奖人数(人次)	856	1753	75	57	369	1011	412	685
举办青少年科技夏冬令营(次)	2512	2263	31	67	440	386	2041	1810
参加人数(万人次)	59	49	2	2	8	8	49	39
举办青少年科技教育培训(次)	12639	10907	585	138	2598	1752	9456	9017
参加人数(万人次)	389	365	3	3	50	70	336	293
播放青少年科普广播、影视节目(小时)	1914	10129	5	163	198	2196	1711	7771
编印青少年科技教育资料(种)	3653	3484	32	24	367	447	3254	3013
总印数（万份）	1178	1089	9	5	153	213	1016	870
青少年科技教育机构情况								
机构数(个)	881	987	18	22	142	187	721	778
从业人员(人)	8740	11314	266	412	1638	2871	6836	8031
#高级职称人员	1761	2381	51	71	272	481	1438	1829
经费筹集额(千元)	83690	86556	9946	11750	25184	35097	48560	39710
#同级财政补助	51574	62531	6458	5440	18022	29427	27094	27664
上级科协拨款	6587	6919	20	513	4027	3114	2540	3291
捐赠和资助	7326	4234	177	130	1424	238	5725	3867
经费使用额(千元)	86480	78813	9862	10102	23548	27893	53070	40818
#活动经费	31629	36395	4652	4750	11709	13426	15268	18220
科普设施建设和维护费	35284	27598	3397	3800	6110	8452	25777	15346
对社会资助和捐赠	3711	1646	0	250	129	74	3582	1322

5-15 各省级科协青少年科技教育

地区	举办青少年科普讲座(报告)		举办青少年科普展览		举办青少年科技竞赛				
							#举办青少年科技创新大赛		
	次数(次)	受众人数(人次)	次数(次)	受众人数(人次)	次数(次)	参加人数(人次)	次数(次)	参赛人数(人次)	获奖人数(人次)
合 计	**711**	**1061860**	**324**	**1482275**	**229**	**8826396**	**35**	**5357871**	**21961**
北 京	18	43535	8	5421	12	417000	1	300000	934
天 津	20	6250	4	11500	11	80151	1	50000	2070
河 北	3	150	1	20000	4	2500	1	500	0
山 西	21	10930	16	176000	3	9600	1	427	303
内蒙古	5	560	46	23564	4	3314	1	1274	722
辽 宁	18	25080	4	58200	5	200000	1	15000	0
吉 林	42	82000	9	53000	14	20000	1	3200	598
黑龙江	9	2700	15	50000	9	120000	1	5600	320
上 海	15	1350	4	40500	6	82500	1	1900	1600
江 苏	36	31300	1	3000	11	185580	1	1400	981
浙 江	8	5000	2	6000	3	20000	1	1000	380
安 徽	10	3500	2	1500	9	6960	1	400	191
福 建	83	21600	10	270200	13	430998	1	400000	506
江 西	42	11400	4	16000	5	2000	1	200	120
山 东	6	3000	0	0	20	32000	1	700	450
河 南	5	500000	1	200	13	1200000	2	1000000	1250
湖 北	10	12000	2	2000	5	179400	1	15000	4000
湖 南	3	2800	1	5000	2	8000	1	400	300
广 东	90	55000	82	235080	6	30000	1	600	550
广 西	11	110300	4	67000	3	10000	1	500	135
海 南	48	20000	1	10000	5	8000	1	8000	475
重 庆	88	17200	8	100000	21	1364000	1	7000	1382
四 川	0	0	0	0	4	2600000	1	2300000	0
贵 州	12	5000	0	0	6	360157	1	330000	630
云 南	36	18205	15	36600	11	200348	2	3790	2388
西 藏	3	1500	5	2700	0	0	0	0	0
陕 西	18	10100	12	67000	11	1190638	2	905000	341
甘 肃	31	54000	30	10000	2	2000	1	1000	600
青 海	8	2400	19	29310	3	40000	1	500	152
宁 夏	0	0	6	78000	2	19000	2	3810	124
新 疆	10	4500	12	104500	4	2000	1	500	399
新疆建设兵团	2	500	0	0	2	250	1	170	60

5-15 续表 1

地区	组织青少年参加国际竞赛			举办青少年科技夏冬令营		举办青少年科技教育培训		播放青少年科普广播、影视节目(分钟)	编印青少年科技教育资料	
	次数(次)	参赛人数(人次)	获奖人数(人次)	次数(次)	参加人数(人次)	次数(次)	参加人数(人次)		种数(种)	总印数(千份)
合计	**37**	**311**	**228**	**137**	**15835**	**641**	**75564**	**7952**	**52**	**263**
北京	5	26	8	17	760	21	2658	0	11	35
天津	0	0	0	40	2100	50	2400	2100	3	10
河北	0	0	0	0	0	0	0	0	0	0
山西	0	0	0	5	390	13	10180	640	0	0
内蒙古	0	0	0	2	10	3	89	0	2	10
辽宁	1	2	2	0	0	20	2100	260	0	0
吉林	4	8	7	5	600	157	1160	90	5	7
黑龙江	0	0	0	2	1800	18	2600	0	0	0
上海	1	4	4	1	150	42	3000	0	6	4
江苏	2	15	9	4	2000	5	9590	0	1	5
浙江	4	8	8	0	0	4	1000	0	2	6
安徽	0	0	0	3	230	3	430	0	0	0
福建	3	17	16	7	650	103	11746	300	3	55
江西	0	0	0	1	40	0	0	0	0	0
山东	0	0	0	2	80	11	1500	0	0	0
河南	1	1	1	4	50	4	1000	600	0	0
湖北	1	3	3	0	0	73	6120	0	1	11
湖南	1	4	4	0	0	3	2100	0	0	0
广东	7	200	150	0	0	2	1100	30	1	1
广西	3	16	10	2	711	38	8075	0	0	0
海南	0	0	0	8	1000	10	600	900	2	10
重庆	2	5	5	4	180	5	1200	30	3	15
四川	0	0	0	0	0	0	0	0	0	0
贵州	0	0	0	2	100	2	150	5	0	0
云南	1	1	0	4	114	11	3955	725	2	73
西藏	0	0	0	0	0	0	0	0	0	0
陕西	1	1	1	14	1020	2	210	0	1	13
甘肃	0	0	0	2	500	2	500	100	5	5
青海	0	0	0	1	10	2	100	12	3	3
宁夏	0	0	0	6	3240	33	1321	2160	0	0
新疆	0	0	0	1	100	3	500	0	1	1
新疆建设兵团	0	0	0	0	0	1	180	0	0	0

5-15 续表 2

地　区	机构数(个)	从业人员(人)	#高级职称人员	经　费筹集额(千元)	#同级财政补助	#上级科协拨款	#捐赠和资助	经　费使用额(千元)	#活动经费	#科普设施建设和维护费	#对社会资助和捐　赠
合　计	**27**	**416**	**39**	**48306**	**35332**	**5380**	**187**	**42257**	**21811**	**2569**	**228**
北　京	1	10	0	8576	6825	1327	0	8073	4114	0	0
天　津	1	23	5	3058	3003	55	0	3040	262	420	0
河　北	1	7	0	0	0	0	0	0	0	0	0
山　西	1	10	3	947	646	31	0	1004	400	120	0
内蒙古	1	8	1	830	400	430	0	1156	1156	0	0
辽　宁	1	7	0	1643	1643	0	0	144	144	0	0
吉　林	1	7	2	980	860	120	0	980	680	180	120
黑龙江	0	0	0	0	0	0	0	0	0	0	0
上　海	0	0	0	0	0	0	0	0	0	0	0
江　苏	1	11	4	5159	1833	0	0	5159	0	0	0
浙　江	0	0	0	0	0	0	0	0	0	0	0
安　徽	1	10	1	1683	1659	0	0	1674	1188	0	0
福　建	1	18	3	3139	3139	0	0	3138	2229	450	0
江　西	1	57	1	287	0	100	187	342	342	0	0
山　东	1	3	0	900	900	0	0	900	900	0	0
河　南	1	12	2	930	590	340	0	930	930	0	0
湖　北	1	23	2	643	0	643	0	643	543	0	100
湖　南	1	8	0	665	665	0	0	665	665	0	0
广　东	1	9	0	3120	3120	0	0	3120	2250	0	0
广　西	1	10	0	2486	1650	836	0	2486	1036	640	0
海　南	1	3	0	150	150	0	0	150	0	0	0
重　庆	1	10	0	1240	1000	240	0	1240	800	440	0
四　川	1	8	0	272	272	0	0	272	272	0	0
贵　州	1	7	1	630	550	80	0	630	530	0	0
云　南	1	25	7	3965	2292	614	0	3965	2128	0	0
西　藏	0	0	0	0	0	0	0	0	0	0	0
陕　西	1	5	0	550	550	0	0	550	0	0	0
甘　肃	1	42	3	3960	2750	210	0	626	489	129	8
青　海	1	7	1	950	0	95	0	95	95	0	0
宁　夏	1	63	0	450	0	0	0	450	260	190	0
新　疆	1	13	3	1094	835	259	0	827	400	0	0
新疆建设兵团	0	0	0	0	0	0	0	0	0	0	0

5-16 各副省级城市科协、省会城市科协青少年科技教育

城市	举办青少年科普讲座(报告)		举办青少年科普展览		举办青少年科技竞赛				
	次数(次)	受众人数(人次)	次数(次)	受众人数(人次)	次数(次)	参加人数(人次)	#举办青少年科技创新大赛 次数(次)	参赛人数(人次)	获奖人数(人次)
合计	**536**	**321870**	**204**	**903882**	**173**	**2628032**	**39**	**1601667**	**24102**
副省级城市小计	**333**	**223350**	**101**	**662863**	**96**	**1716249**	**19**	**1037918**	**7192**
宁波*	5	750	1	300	3	1680	1	400	103
厦门*	3	600	2	12000	4	10137	1	8618	305
深圳*	4	2000	8	150000	3	110000	1	5000	700
青岛*	20	5000	7	24500	7	5200	1	3000	264
大连*	13	10000	6	20000	12	5000	1	2000	800
省会城市小计	**491**	**303520**	**180**	**697082**	**144**	**2496015**	**34**	**1582649**	**21930**
石家庄	35	15000	4	10000	26	35000	3	12000	1200
太原	0	0	1	5000	2	100000	1	100000	700
呼和浩特	0	0	0	0	2	3100	1	3000	210
沈阳*	30	50000	20	63	4	10000	1	5000	450
长春*	1	2000	3	5000	5	8000	1	500	200
哈尔滨*	3	2000	4	3000	6	100000	1	10000	200
南京*	2	1000	3	110000	5	300000	1	200000	200
杭州*	203	105000	12	23000	3	20000	1	2000	140
合肥	8	4000	5	23200	3	2000	1	1500	165
福州	5	5500	1	3000	6	10200	1	2000	600
南昌	11	3280	53	58719	2	550	1	396	4
济南*	4	2000	0	0	4	1200	1	1200	280
郑州	10	32000	7	45000	3	250000	2	110000	0
武汉*	27	7500	29	271000	32	160032	6	120200	950
长沙	1	1500	1	20000	10	12500	1	1880	1238
广州*	6	2500	2	1000	5	205000	1	200000	1000
南宁	0	0	1	10000	4	280000	1	264263	9109
海口	0	0	4	6000	1	5000	1	5000	2500
成都*	8	25000	1	3000	0	0	0	0	0
贵阳	2	340	0	0	2	1010	1	710	180
昆明	38	17100	0	0	5	43923	1	40000	0
拉萨	3	3000	3	8100	0	0	0	0	0
西安*	4	8000	3	40000	3	780000	1	480000	1600
兰州	2	1500	1	2000	1	160000	1	16000	284
西宁	4	5000	0	0	1	1000	1	1000	296
银川	4	8700	7	30000	1	4000	1	4000	320
乌鲁木齐	80	1600	15	20000	8	3500	2	2000	104

注：城市名称后带“*”的为副省级城市，包括省会城市中带“*”的。

5-16 续表 1

城市	组织青少年参加国际竞赛			举办青少年科技夏冬令营		举办青少年科技教育培训		播放青少年科普广播、影视节目(分钟)	编印青少年科技教育资料	
	次数(次)	参赛人数(人次)	获奖人数(人次)	次数(次)	参加人数(人次)	次数(次)	参加人数(人次)		种数(种)	总印数(千份)
合计	**10**	**71**	**57**	**67**	**20025**	**138**	**27715**	**9755**	**24**	**54**
副省级城市小计	**8**	**69**	**55**	**57**	**18388**	**37**	**9130**	**7055**	**21**	**51**
宁波*	0	0	0	3	351	0	0	40	1	1
厦门*	0	0	0	2	250	2	100	0	1	1
深圳*	2	14	14	0	0	4	2000	0	2	2
青岛*	0	0	0	4	150	1	105	0	0	0
大连*	0	0	0	0	0	2	300	0	0	0
省会城市小计	**8**	**57**	**43**	**58**	**19274**	**129**	**25210**	**9715**	**20**	**50**
石家庄	0	0	0	0	0	7	2800	0	0	0
太原	0	0	0	0	0	0	0	0	0	0
呼和浩特	0	0	0	0	0	1	100	0	0	0
沈阳*	0	0	0	1	50	5	500	50	3	5
长春*	1	20	20	0	0	1	100	0	0	0
哈尔滨*	0	0	0	2	80	3	300	0	1	0
南京*	0	0	0	3	2600	2	1000	0	0	0
杭州*	0	0	0	2	10000	0	0	700	2	40
合肥	0	0	0	1	150	12	900	0	0	0
福州	0	0	0	3	70	1	200	0	1	1
南昌	0	0	0	1	43	26	500	0	0	0
济南*	3	15	15	1	57	1	280	15	1	0
郑州	0	0	0	2	134	2	300	1200	0	0
武汉*	2	20	6	37	4750	2	145	490	6	1
长沙	2	2	2	0	0	1	125	0	1	2
广州*	0	0	0	1	70	5	600	0	0	0
南宁	0	0	0	0	0	3	380	0	0	0
海口	0	0	0	0	0	0	0	0	0	0
成都*	0	0	0	0	0	4	700	0	0	0
贵阳	0	0	0	1	840	0	0	0	0	0
昆明	0	0	0	0	0	16	630	0	0	0
拉萨	0	0	0	0	0	0	0	0	0	0
西安*	0	0	0	1	30	5	3000	5760	4	1
兰州	0	0	0	0	0	1	500	0	1	1
西宁	0	0	0	0	0	0	0	0	0	0
银川	0	0	0	0	0	1	150	0	0	0
乌鲁木齐	0	0	0	2	400	30	12000	1500	0	0

5-16 续表 2

城　市	机构数(个)	从业人员(人)	#高级职称人员	经费筹集额(千元)	#同级财政补助	#上级科协拨款	#捐赠和资助	经费使用额(千元)	#活动经费	#科普设施建设和维护费	#对社会资助和捐赠
合　计	**22**	**412**	**71**	**11750**	**5440**	**513**	**130**	**10102**	**4750**	**3800**	**250**
副省级城市小计	**11**	**277**	**38**	**9480**	**3200**	**513**	**100**	**7602**	**2750**	**3800**	**250**
宁　波*	1	3	0	0	0	0	0	0	0	0	0
厦　门*	0	0	0	0	0	0	0	0	0	0	0
深　圳*	1	1	1	500	0	500	0	500	500	0	0
青　岛*	1	88	10	0	0	0	0	0	0	0	0
大　连*	1	40	1	400	400	0	0	400	400	0	0
省会城市小计	**18**	**280**	**59**	**10850**	**5040**	**13**	**130**	**9202**	**3850**	**3800**	**250**
石家庄	1	5	0	0	0	0	0	230	180	0	0
太　原	1	8	0	700	700	0	0	700	250	0	0
呼和浩特	0	0	0	0	0	0	0	0	0	0	0
沈　阳*	1	4	2	0	0	0	0	0	0	0	0
长　春*	1	2	0	300	300	0	0	300	250	50	0
哈尔滨*	1	2	0	0	0	0	0	0	0	0	0
南　京*	1	129	23	5500	2400	0	0	5500	1500	3750	250
杭　州*	0	0	0	0	0	0	0	0	0	0	0
合　肥	1	56	1	60	30	0	30	60	60	0	0
福　州	0	0	0	0	0	0	0	0	0	0	0
南　昌	1	40	30	20	20	0	0	20	20	0	0
济　南*	0	0	0	0	0	0	0	0	0	0	0
郑　州	1	8	0	100	100	0	0	100	100	0	0
武　汉*	0	0	0	0	0	0	0	0	0	0	0
长　沙	1	1	0	490	490	0	0	490	490	0	0
广　州*	1	0	0	1800	0	13	0	0	0	0	0
南　宁	1	2	0	330	330	0	0	330	330	0	0
海　口	0	0	0	0	0	0	0	0	0	0	0
成　都*	1	6	0	880	0	0	100	802	0	0	0
贵　阳	1	3	0	70	70	0	0	70	70	0	0
昆　明	1	3	1	350	350	0	0	350	350	0	0
拉　萨	1	4	1	0	0	0	0	0	0	0	0
西　安*	1	2	1	100	100	0	0	100	100	0	0
兰　州	0	1	0	100	100	0	0	100	100	0	0
西　宁	0	0	0	0	0	0	0	0	0	0	0
银　川	1	4	0	50	50	0	0	50	50	0	0
乌鲁木齐	0	0	0	0	0	0	0	0	0	0	0

注：城市名称后带“*”的为副省级城市，包括省会城市中带“*”的。

5-17 各地区地级科协青少年科技教育

地区	举办青少年科普讲座(报告)		举办青少年科普展览		举办青少年科技竞赛				
							#举办青少年科技创新大赛		
	次数(次)	受众人数(人次)	次数(次)	受众人数(人次)	次数(次)	参加人数(人次)	次数(次)	参赛人数(人次)	获奖人数(人次)
合　计	**4421**	**2683761**	**2941**	**4778389**	**3063**	**5829570**	**1408**	**2405643**	**73031**
北　京	328	266020	77	113280	213	678450	25	158374	3907
天　津	888	127128	530	161847	221	169923	45	81601	1807
河　北	51	26100	20	14500	24	111366	10	85535	2869
山　西	53	96000	42	119200	18	157500	8	136500	1798
内蒙古	59	31480	115	211107	34	33965	12	13241	2900
辽　宁	286	130659	321	341514	183	280320	52	91756	4924
吉　林	26	30420	49	94600	28	54469	9	13261	642
黑龙江	52	14350	36	37001	30	20030	9	10300	583
上　海	807	202598	193	308430	576	672904	35	249402	1599
江　苏	96	48900	109	293242	63	734200	16	237100	4052
浙　江	78	53011	74	208660	37	225133	11	75059	3675
安　徽	153	103797	95	106545	51	201970	10	128480	570
福　建	62	36300	40	78800	31	50146	6	19946	1295
江　西	196	39430	90	91000	17	22762	7	13571	508
山　东	72	54890	78	179600	65	359606	14	72340	2454
河　南	61	135900	93	251000	51	324600	15	163400	7633
湖　北	262	289400	76	133350	231	436600	161	189897	9475
湖　南	38	26380	30	68925	25	224248	13	59303	3032
广　东	65	58990	108	364850	61	79565	20	33217	3785
广　西	90	85300	73	111772	29	151827	17	142992	1690
海　南	0	0	0	0	3	2500	1	1000	88
重　庆	59	81160	44	130560	66	95723	21	33463	2011
四　川	50	69410	64	132880	4	29500	2	17500	236
贵　州	20	11150	25	46800	14	73582	7	68412	958
云　南	19	9058	56	65839	36	185481	17	131395	4283
西　藏	7	1410	7	2830	2	50	0	0	0
陕　西	51	114400	25	253870	34	123932	10	64132	2800
甘　肃	256	209916	223	441854	863	250844	827	68133	1305
青　海	33	43170	8	2240	5	10150	1	9000	69
宁　夏	12	21858	27	53600	6	26360	4	12017	104
新　疆	99	172093	152	274943	18	25600	9	11952	878
新疆建设兵团	92	93083	61	83750	24	16264	14	13364	1101

5-17 续表 1

地区	组织青少年参加国际竞赛 次数(次)	组织青少年参加国际竞赛 参赛人数(人次)	组织青少年参加国际竞赛 获奖人数(人次)	举办青少年科技夏冬令营 次数(次)	举办青少年科技夏冬令营 参加人数(人次)	举办青少年科技教育培训 次数(次)	举办青少年科技教育培训 参加人数(人次)	播放青少年科普广播、电视节目(分钟)	编印青少年科技教育资料 种数(种)	编印青少年科技教育资料 总印数(千份)
合计	**91**	**4823**	**1011**	**386**	**83868**	**1752**	**695881**	**131751**	**447**	**2132**
北京	14	215	96	18	3262	191	15240	1850	31	275
天津	0	0	0	40	4518	118	17010	840	16	76
河北	0	0	0	2	490	24	6818	2000	1	10
山西	0	0	0	1	80	11	13060	340	17	34
内蒙古	1	600	18	3	82	16	13553	250	2	5
辽宁	0	0	0	67	15372	279	92587	5973	58	167
吉林	1	10	4	5	400	36	10020	1080	0	0
黑龙江	0	0	0	9	720	12	3051	600	7	33
上海	50	1683	135	113	12617	415	245527	49549	44	151
江苏	8	88	52	22	2718	24	9503	4360	7	52
浙江	2	530	245	11	1588	23	7723	90	17	127
安徽	2	8	4	12	543	68	26195	1320	4	23
福建	1	2	2	7	251	26	1500	220	3	8
江西	0	0	0	4	400	12	2593	90	16	31
山东	2	362	25	10	700	46	10740	3118	12	82
河南	0	0	0	3	21840	26	13960	180	13	38
湖北	1	108	88	3	135	21	9550	2451	14	137
湖南	3	27	10	3	311	25	2953	2700	14	48
广东	1	24	0	5	1100	27	2940	34470	2	10
广西	1	10	3	1	10000	18	2884	870	2	1
海南	0	0	0	1	100	2	90	0	0	0
重庆	2	11	1	8	1060	86	32130	1210	12	97
四川	0	0	0	3	125	13	2706	960	7	9
贵州	0	0	0	1	50	7	836	0	0	0
云南	0	0	0	8	440	3	937	160	5	17
西藏	0	0	0	0	0	0	0	0	0	0
陕西	0	0	0	4	100	8	1200	80	4	40
甘肃	2	1145	328	18	3422	135	114667	11772	120	541
青海	0	0	0	1	150	7	1972	20	0	0
宁夏	0	0	0	2	1264	24	5668	840	6	13
新疆	0	0	0	1	30	14	20405	4280	10	105
新疆建设兵团	0	0	0	0	0	35	7863	78	3	2

5-17 续表 2

地　区	机构数(个)	从业人员(人)	#高级职称人员	经　费筹集额(千元)	#同级财政补助	#上级科协拨款	#捐赠和资助	经　费使用额(千元)	#活动经费	#科普设施建设和维护费	#对社会资助和捐赠
合　计	**187**	**2871**	**481**	**35097**	**29427**	**3114**	**238**	**27893**	**13426**	**8452**	**74**
北　京	5	52	5	1557	1542	15	0	1557	1357	200	0
天　津	14	299	84	1381	1200	25	0	1508	665	830	0
河　北	5	17	1	500	250	250	0	500	340	0	0
山　西	6	17	2	145	145	0	0	145	145	0	0
内蒙古	8	65	5	410	63	100	0	542	256	124	20
辽　宁	18	882	72	309	210	43	20	500	176	47	1
吉　林	4	24	4	336	199	131	6	336	106	80	0
黑龙江	1	32	2	36	36	0	0	36	36	0	0
上　海	12	424	72	18256	15286	1460	70	10226	3841	5676	0
江　苏	2	6	2	184	80	0	0	184	154	0	0
浙　江	2	31	4	1340	1340	0	0	1118	983	135	0
安　徽	6	58	5	977	907	30	0	977	242	165	40
福　建	0	0	0	0	0	0	0	0	0	0	0
江　西	7	27	4	1122	680	430	2	1122	437	335	0
山　东	7	83	8	1091	1041	50	0	1151	191	27	2
河　南	8	33	5	352	322	0	30	352	232	23	2
湖　北	5	68	11	621	231	140	0	631	276	50	0
湖　南	9	40	9	368	255	71	42	364	359	5	0
广　东	4	102	2	1216	1203	0	13	1215	32	0	0
广　西	3	8	0	607	586	21	0	607	607	0	0
海　南	1	2	0	0	0	0	0	15	15	0	0
重　庆	7	40	17	967	850	110	7	1143	480	293	4
四　川	5	11	4	290	235	45	0	290	245	35	0
贵　州	4	11	0	458	442	0	16	458	82	9	0
云　南	6	15	1	1693	1643	50	0	1690	1578	50	0
西　藏	0	0	0	0	0	0	0	0	0	0	0
陕　西	1	2	0	108	75	30	3	108	68	40	0
甘　肃	22	296	61	207	152	11	29	300	101	115	5
青　海	1	3	1	5	5	0	0	5	5	0	0
宁　夏	2	14	2	51	28	23	0	51	48	3	0
新　疆	5	16	0	95	85	0	0	87	85	0	0
新疆建设兵团	7	193	98	417	337	80	0	677	287	210	0

5-18 各地区县级科协青少年科技教育

地 区	举办青少年科普讲座(报告)		举办青少年科普展览		举办青少年科技竞赛				
	次数(次)	受众人数(人次)	次数(次)	受众人数(人次)	次数(次)	参加人数(人次)	#举办青少年科技创新大赛		
							次数(次)	参赛人数(人次)	获奖人数(人次)
合 计	**15536**	**11712744**	**10099**	**14358413**	**7014**	**10372431**	**2252**	**4536393**	**142334**
北 京	7	6530	4	9553	48	121570	1	504	120
天 津	19	10906	11	12880	9	44796	4	9460	1046
河 北	565	395710	493	550626	225	124259	107	68872	3109
山 西	444	372318	321	484311	245	402558	100	193181	5174
内蒙古	303	233269	316	354678	152	135242	66	21681	1695
辽 宁	692	257044	357	304659	214	154805	67	57028	12679
吉 林	290	149261	192	207192	144	73269	69	22194	1617
黑龙江	313	189986	207	274987	178	58621	64	11950	979
上 海	55	2800	8	1000	13	73	10	39	12
江 苏	2164	1727471	1018	1949565	663	1404482	185	343139	8005
浙 江	828	437500	537	632226	369	592149	106	191619	13429
安 徽	605	339461	426	540518	243	164612	72	85881	2853
福 建	934	396028	551	704776	493	365877	82	122041	2930
江 西	397	174383	416	289178	160	64070	46	16884	1219
山 东	477	418836	329	625545	421	570775	140	223574	5839
河 南	422	413033	358	530736	278	371433	104	140846	11909
湖 北	800	533910	623	942632	469	832492	98	413266	14122
湖 南	466	399989	332	716332	303	513820	148	286108	7696
广 东	726	510443	478	924276	268	1097067	91	559751	15520
广 西	559	905851	324	671636	260	1327981	154	843761	7594
海 南	107	56661	78	128778	80	46262	17	24367	564
重 庆	72	212370	67	215560	105	327990	32	171200	2037
四 川	634	575603	529	786820	16	21847	3	10250	134
贵 州	725	176534	212	254328	425	135952	68	52198	2569
云 南	216	132943	193	415739	257	489499	116	234020	12462
西 藏	0	0	0	0	9	7850	0	0	0
陕 西	596	629602	648	676539	243	313124	108	194799	3302
甘 肃	435	310249	316	476490	149	405756	65	201630	2053
青 海	115	47486	70	53885	226	26114	11	5152	264
宁 夏	141	123955	151	220981	92	22305	20	8618	294
新 疆	1429	1572612	534	401987	257	155781	98	22380	1108

5-18 续表 1

地区	组织青少年参加国际竞赛			举办青少年科技夏冬令营		举办青少年科技教育培训		播放青少年科普广播、电视节目(分钟)	编印青少年科技教育资料	
	次数(次)	参赛人数(人次)	获奖人数(人次)	次数(次)	参加人数(人次)	次数(次)	参加人数(人次)		种数(种)	总印数(千份)
合 计	**88**	**5340**	**685**	**1810**	**394823**	**9017**	**2926146**	**466245**	**3013**	**8703**
北 京	0	0	0	0	0	6	5500	0	0	0
天 津	0	0	0	3	371	11	5746	3042	1	1
河 北	0	0	0	32	11648	303	96933	6375	123	203
山 西	0	0	0	30	4442	192	112299	3944	126	278
内蒙古	3	79	12	41	28741	274	135320	20623	93	289
辽 宁	2	10	6	62	31220	299	118896	19940	88	187
吉 林	2	5	0	25	5550	171	38717	19098	19	60
黑龙江	0	0	0	56	12987	143	53147	12054	40	43
上 海	0	0	0	2	68	55	3800	900	3	50
江 苏	9	477	54	333	50946	1044	269619	64527	200	910
浙 江	2	435	0	112	14744	695	142103	36080	136	534
安 徽	5	31	8	102	10879	253	68458	12284	122	465
福 建	9	79	22	239	18633	286	36790	36108	109	259
江 西	1	55	0	35	3767	374	89299	1695	73	152
山 东	6	2076	72	131	39941	433	154035	7346	224	854
河 南	1	3	1	106	17021	212	121901	14926	96	398
湖 北	5	111	21	53	5476	526	130935	17913	256	479
湖 南	12	174	26	68	11076	343	94249	20399	319	1082
广 东	24	636	123	52	22720	248	56908	20914	112	311
广 西	3	12	5	55	39058	401	170114	6596	187	357
海 南	0	0	0	6	3686	102	36984	1165	10	17
重 庆	0	0	0	9	1530	71	39782	3345	25	232
四 川	0	0	0	28	9093	363	158277	28860	124	422
贵 州	1	35	0	26	2616	141	46998	14301	111	150
云 南	0	0	0	34	6422	377	80267	640	42	52
西 藏	0	0	0	0	0	0	0	0	0	0
陕 西	1	12	3	31	10980	874	264045	18670	136	358
甘 肃	1	1100	328	25	3061	192	130245	20148	137	219
青 海	0	0	0	17	2168	47	9634	4470	15	36
宁 夏	1	10	4	12	895	82	126680	1642	27	157
新 疆	0	0	0	85	25084	499	128465	48240	59	146

5-18 续表 2

地区	机构数(个)	从业人员(人)	#高级职称人员	经费筹集额(千元)	#同级财政补助	#上级科协拨款	#捐赠和资助	经费使用额(千元)	#活动经费	#科普设施建设和维护费	#对社会资助和捐赠
合　计	**778**	**8031**	**1829**	**39710**	**27664**	**3291**	**3867**	**40818**	**18220**	**15346**	**1322**
北　京	0	0	0	0	0	0	0	0	0	0	0
天　津	1	1	0	43	43	0	0	43	43	0	0
河　北	35	215	65	262	222	15	5	282	160	84	6
山　西	52	438	50	2022	1605	60	355	2237	752	1126	8
内蒙古	50	371	115	782	716	10	7	797	495	188	32
辽　宁	31	366	57	731	601	10	90	825	495	225	0
吉　林	30	230	60	397	243	71	39	303	158	93	13
黑龙江	19	148	51	896	596	0	30	1039	141	716	40
上　海	0	0	0	0	0	0	0	0	0	0	0
江　苏	30	604	198	4471	2970	420	611	4644	2187	2172	50
浙　江	21	254	62	5284	2713	574	102	4197	1681	1963	31
安　徽	35	339	90	1411	1124	122	136	1289	723	474	21
福　建	3	11	2	830	800	5	25	830	510	150	0
江　西	32	308	99	341	240	71	20	433	233	141	6
山　东	85	1095	267	3607	1941	135	1354	3478	970	1058	950
河　南	36	419	23	548	527	15	1	609	366	53	3
湖　北	42	869	212	2358	1905	157	228	2672	1012	767	68
湖　南	57	611	133	4675	2558	603	374	4378	1851	1367	43
广　东	32	315	56	1879	1373	335	30	1769	1096	673	0
广　西	29	167	35	1264	1120	23	48	1268	456	397	0
海　南	8	22	1	159	157	0	3	134	94	10	10
重　庆	15	71	25	779	596	131	10	2723	441	2102	0
四　川	2	9	0	78	78	0	0	78	78	0	0
贵　州	18	164	37	611	277	134	200	592	246	109	7
云　南	19	78	10	3416	3046	187	133	3441	3089	291	20
西　藏	0	0	0	0	0	0	0	0	0	0	0
陕　西	28	288	58	1168	1072	55	17	1008	301	527	15
甘　肃	30	444	83	291	195	10	40	397	110	173	0
青　海	3	16	3	56	16	15	0	56	20	30	0
宁　夏	6	34	8	101	96	0	0	116	86	25	0
新　疆	29	144	29	1254	839	135	10	1184	429	435	0

六、科普基础设施建设

简要说明

一、本篇包括中国科协、省级科协、副省级城市科协、省会城市科协、地级科协、县级科协科普基础设施建设的情况。

二、本篇统计主要指标：科技馆、科普教育基地、科普大篷车配发数、科普大篷车行驶里程、科普活动站（室）、青少年科学工作室、科普画廊（宣传栏）、科普员、科普网站等。

三、统计数据说明。（一）科技馆：统计数据由中国科协、省级科协、副省级城市科协、省会城市科协、地级科协、县级科协提供；（二）科普教育基地：中国科协、省级科协、副省级城市科协、省会城市科协、地级科协、县级科协统计数据中包含农村科普示范基地；（三）科普活动站（室）、青少年科学工作室：统计数据由副省级城市科协、省会城市科协、地级科协、县级科协提供；（四）科普画廊（宣传栏）：统计数据由中国科协、省级科协、副省级城市科协、省会城市科协、地级科协、县级科协提供。

主要指标解释

科技馆 指截止本年12月31日，本单位拥有所有权或使用权的，具有科普展览、教育活动的核心功能，向公众开放的固定的科普基础设施。

科技馆（科普活动中心） 指截止本年12月31日，本单位拥有所有权或使用权的，具有科普、教育、培训、展示等功能的，向公众开放的综合性科普活动场所。不包括临时租用的科普活动中心。

建筑面积 指截止本年12月31日本单位拥有所有权或使用权的科技馆的展览教育、公众服务、业务研究、管理保障等用房的主体建筑面积总和。

展厅面积 指截止本年12月31日，本单位拥有所有权或使用权的科技馆内专门用于布置常设展览和短期展览的用房（场所）的建筑面积。

常设展品 指截止本年12月31日，本单位常年展出的，主要用于科技馆开展科普展览和教育活动的图文、实物（标本、活体、文物、模型）、装置、影像、多媒体、景观等。

工作人员 指截止本年12月31日，本单位负责科技馆运行的管理人员、专业技术人员（包括展教辅导人员）和工勤人员。

全国科普教育基地 指截止本年12月31日，由中国科协按照《全国科普教育基地管理办法》评审、命名的全国科普教育基地，以及由中国科协命名的全国农村科普示范基地和青少年科普教育基地。不包括科技馆。由命名单位填报统计数据。

全年开放天数 指本年度内，所有科普教育基地（由命名单位填报的）对公众开放的自然天数之和。当日开放即为一天。（假设科普教育基地N个，第一个基地开放天数为N1天，第二个基地开放天数为N2天，……，第N个基地开放天数为Nn天，ΣNn为所有科普教育基地全年开放天数，则ΣNn=N1+N2+N3+…+Nn）

省级科普教育基地 指截止本年12月31日，由省级科协单独或联合有关部门命名的省级科普教育基地，以及由省级科协命名的省农村科普示范基地。不包括科技馆。由命名单位填报统计数据。

科普教育基地（农村科普示范基地） 指截止本年12月31日本单位自建、联合有关部门或专业农户共建,具备向农民进行科学技术宣传、普及、服务等示范作用的各类农村科普场所。由命名单位填报统计数据。

科普大篷车配发 指截止本年12月31日，本单位获得的由中国科协为各地配发的流动科技馆

——科普大篷车。

行驶里程 指截止本年12月31日，本单位科普大篷车当年开展科普活动所累计行驶的公里数。

研制配发其他形式的流动科普设施 指截止本年12月31日，由各省科协结合当地实际，开发研制并为基层科协配发的流动科普设施。如科普放映车、科普宣传车等。

科普活动站（室） 指截止本年12月31日，由本单位单独或联合有关单位共同命名的，依托乡镇（街道）、村（社区）的科技、教育、文化、生产经营和服务等场所，向社会和公众开放的，具有特定的科学技术教育、传播、普及和服务功能的基层科普设施。

青少年科学工作室 指截止本年12月31日本单位自建和支持建设、用于开展青少年科技教育的固定场所。

科普画廊（宣传栏） 指截止本年12月31日，由本单位单独或联合有关单位共同命名的,建设在街道、社区、村寨、公园、道路边等地方，直接向公众宣传科学技术信息的具有展示功能的固定科普设施。建设在同一个地点、自然建筑形态为一个整体的科普画廊（宣传栏），按照一个计算。

科普展示单元总长度 指截止本年12月31日，在本地区域范围之内所有已建成的科普画廊（宣传栏）中，用于展出标准科普挂图（０.９米×１.２米）的有效单元的长度之和。可双面使用的科普画廊（宣传栏）长度双倍计算。

全年更新展出内容次数 指截止本年度内，本单位单独或联合其他单位为所辖区域范围内全部科普画廊（宣传栏）更换展出内容（科普挂图）的频次。

科普员 指截止本年12月31日,本单位管理的在基层直接为公众提供科学技术咨询服务的，负责科普活动站（室）日常管理、科普画廊（宣传栏）更新维护的专兼职科普工作者及科普志愿者。

科普网站 指截止本年12月31日，本单位设立的、通过互联网向公众传播科学知识、科学精神、科学思想和科学方法的网络媒体。

浏览人数 指截止本年12月31日，本单位设立的科普网站的访问人数，同一IP地址可以重复计算。

6-1 中国科协、省级科协科普基础设施建设汇总表

指　　标	合　计		中国科协		省级科协	
	2008	2009	2008	2009	2008	2009
科技馆(个)	23	24	1	1	22	23
其中：建筑面积8000平方米以上(个)	19	20	1	1	18	19
全年参观(培训)人数(万人次)	761	686	173	142	588	544
建筑面积(万平方米)	54	66	5	10	49	56
展厅面积(万平方米)	18	22	3	4	15	18
常设展品(件)	6583	6612	935	804	5648	5808
工作人员(人)	1502	1975	224	268	1278	1707
其中：专业技术人员	685	1002	194	210	491	792
全国科普教育基地(个)	261	668	261	668	—	—
全年开放天数(天)	15200	38000	15200	38000	—	—
全年参观人数(万人次)	980	1700	980	1700	—	—
省级科普教育基地(个)	1374	1390	—	—	1374	1390
全年开放天数(天)	152161	177688	—	—	152161	177688
全年参观人数(万人次)	3823	5706	—	—	3823	5706
科普画廊(宣传栏)(个)	—	823	—	0	—	823
科普展示单元总长度(米)	—	6149	—	0	—	6149
全年更新展出内容次数(次)	—	4766	—	0	—	4766
科普大篷车配发(辆)	190	270	190	270	—	—
其中：配发给省级	29	32	29	32	—	—
配发给地(市)级	152	179	152	179	—	—
配发给县(市)级	9	59	9	59	—	—
科普大篷车下乡次数(次)	782	617	—	—	782	617
受益人数(万人次)	241	187	—	—	241	187
行驶里程(公里)	243354	336281	—	—	243354	336281
研制配发其他形式的流动科普设施(辆)	45	29	0	0	45	29
科普网站(个)	93	105	9	9	84	96
浏览人数(万人次)	5627	9873	1631	1613	3996	8260

6－2　副省级城市科协、省会城市科协、地级科协、县级科协科普基础设施建设汇总表

指　　标	合　计		副省级、省会城市科协		地级科协		县级科协	
	2008	2009	2008	2009	2008	2009	2008	2009
科技馆(科普活动中心)(个)	2039	959	11	15	115	146	1913	798
其中：建筑面积8000平方米以上(个)	—	59	—	5	—	11	—	43
全年参观(培训)人数(万人次)	1265	1426	141	207	292	381	832	838
建筑面积(万平方米)	173	223	10	13	46	53	117	157
展厅面积(万平方米)	58	72	6	7	16	19	36	45
常设展品(件)	129704	198942	1291	2315	13722	36209	114691	160418
培训(活动)室面积(万平方米)	19	23	1	1	3	5	15	18
工作人员(人)	5795	7863	321	646	1340	1793	4134	5424
其中：专业技术人员	2694	3232	212	298	560	621	1922	2313
科普教育基地(示范基地)(个)	23233	26063	987	1057	4379	5212	17867	19794
全年开放天数(天)	676580	1040430	44394	46453	114298	211043	517888	782934
全年参观人数(万人次)	8413	12170	666	1307	2682	4130	5065	6733
其中：农村科普示范基地(个)	15902	18161	316	376	2321	3105	13265	14680
科普活动站(室)(个)	102262	138316	1161	2100	9845	13698	91256	122518
建筑面积(万平方米)	447	622	14	19	53	74	380	529
全年参加活动(培训)人数(万人次)	4713	4942	41	141	634	899	4038	3902
其中：青少年科学工作室(个)	5163	6368	75	159	317	540	4771	5669
科普画廊(宣传栏)(个)	179444	214551	1660	3733	14410	21875	163374	188943
科普展示单元总长度(米)	1983163	2127826	21130	57824	261515	272314	1700518	1797688
全年更新展出内容次数(次)	470895	258136	154	170	12311	43838	458430	214128
科普员(人)	447811	540824	4597	7956	78609	85376	364605	447492
科普网站(个)	1172	1388	33	42	222	284	917	1062
浏览人数(万人次)	7967	7541	378	433	2735	2247	4854	4861
科普大篷车下乡次数(次)	4635	9399	148	327	2060	3775	2427	5297
受益人数(万人次)	651	1344	27	101	301	544	323	700
行驶里程(公里)	657648	1732480	28470	54240	333801	669534	295377	1008706
研制配发其他形式的流动科普设施(辆)	—	175	—	3	—	33	—	139

6－3 各省级科协科普基础设施建设

地区	科技馆							
	个数(个)	其中:建筑面积8000平方米以上(个)	全年参观人数(人次)	建筑面积(平方米)	展厅面积(平方米)	常设展品(件)	工作人员(人)	#专业技术人员
合计	**23**	**19**	**5444850**	**560857**	**183786**	**5808**	**1707**	**792**
北京	0	0	0	0	0	0	0	0
天津	0	0	0	0	0	0	0	0
河北	1	1	200000	30000	10000	400	80	49
山西	1	0	300000	4700	2700	91	40	20
内蒙古	1	0	80000	7876	1500	50	52	40
辽宁	1	1	150000	100000	2000	0	0	0
吉林	1	0	12000	17000	1200	0	38	18
黑龙江	1	1	550000	25000	15000	447	111	79
上海	0	0	0	0	0	0	0	0
江苏	0	0	0	0	0	0	0	0
浙江	1	1	410000	30452	11113	330	132	52
安徽	1	1	127000	12000	5000	170	83	29
福建	1	1	140000	8000	4000	245	74	45
江西	0	0	0	0	0	0	0	0
山东	1	1	120000	20000	13500	420	79	0
河南	1	1	70000	21334	1200	0	0	0
湖北	1	0	30000	7462	600	0	27	14
湖南	1	1	0	28113	15304	0	27	5
广东	1	1	1000000	8600	1500	45	38	10
广西	1	1	500000	38988	9000	233	142	85
海南	0	0	0	0	0	0	0	0
重庆	1	1	300000	45300	21000	440	171	106
四川	1	1	1080000	41800	25000	600	175	36
贵州	1	1	20000	14800	4700	397	58	41
云南	1	1	10850	24507	9590	71	68	32
西藏	0	0	0	0	0	0	0	0
陕西	1	1	65000	9770	1400	160	64	5
甘肃	0	0	0	0	0	0	42	6
青海	1	1	0	8889	1261	0	48	14
宁夏	1	1	130000	29664	16101	1550	99	70
新疆	1	1	150000	26602	11117	159	59	36
新疆建设兵团	0	0	0	0	0	0	0	0

6-3 续表 1

地 区	省级科普教育基地			科普画廊（宣传栏）（个）	科普展示单元总长度（米）	全年更新展出内容次数（次）
	个 数（个）	全年开放天数（天）	全年参观人数（人次）			
合 计	**1390**	**177688**	**57055100**	**823**	**6149**	**4766**
北 京	0	0	0	2	702	1
天 津	93	100	2000000	0	0	0
河 北	6	1800	70000	1	18	0
山 西	207	300	120000	0	0	0
内蒙古	105	10500	700000	0	0	0
辽 宁	0	0	0	0	0	0
吉 林	43	3000	20000	1	30	6
黑龙江	23	5520	1104000	0	0	0
上 海	0	0	0	0	0	0
江 苏	182	45500	172000	0	0	0
浙 江	67	20100	19500000	1	18	6
安 徽	31	8900	900000	0	0	0
福 建	211	29433	4160000	4	160	12
江 西	19	20	25000	1	18	6
山 东	0	0	0	0	0	0
河 南	27	1080	54000	8	160	2
湖 北	33	90	300000	2	20	10
湖 南	40	100	90000	0	0	0
广 东	81	24300	24300000	303	600	2
广 西	8	365	793000	0	0	0
海 南	10	365	6500	130	300	5
重 庆	18	4500	945000	271	2710	1084
四 川	0	0	0	0	0	0
贵 州	26	6000	320000	90	900	3600
云 南	10	230	450000	3	100	6
西 藏	1	10	1200	1	16	3
陕 西	100	1332	314000	1	90	6
甘 肃	14	120	8400	0	0	0
青 海	0	0	0	1	17	7
宁 夏	15	12013	230000	2	40	4
新 疆	18	1630	430000	1	250	6
新疆建设兵团	2	380	42000	0	0	0

6-3 续表 2

地 区	科普大篷车下乡			研制配发其他形式的流动科普设施(辆)	科普网站	
	次 数(次)	受益人数(人次)	行驶里程(公里)		个 数(个)	浏览人数(人次)
合 计	**617**	**1867950**	**336281**	**29**	**96**	**82600360**
北 京	0	0	0	0	9	35284192
天 津	0	0	0	0	0	0
河 北	23	75000	18000	0	8	1710000
山 西	40	400000	25000	0	15	1070000
内蒙古	6	24000	36000	0	1	50000
辽 宁	27	109800	8741	2	1	120000
吉 林	0	0	0	0	1	680000
黑龙江	16	82000	14200	0	0	0
上 海	0	0	0	0	3	79320
江 苏	138	260000	15000	0	4	1200000
浙 江	10	30000	5000	0	1	600000
安 徽	26	51000	3700	0	1	100000
福 建	0	0	0	0	7	3171335
江 西	6	18000	24000	0	3	10200
山 东	40	160000	13000	17	2	630000
河 南	0	0	0	0	1	648900
湖 北	20	38000	5000	9	2	600000
湖 南	0	0	0	0	1	36000
广 东	0	0	0	0	3	4000000
广 西	22	67350	10200	0	4	2442232
海 南	50	50000	10000	0	1	1320000
重 庆	2	5000	2000	0	9	24107600
四 川	17	91800	5940	0	3	3660000
贵 州	4	11000	1000	0	1	1000
云 南	7	50000	8000	0	3	320000
西 藏	40	40000	22000	0	1	20000
陕 西	22	100000	3200	0	3	56800
甘 肃	35	50000	9000	0	3	217581
青 海	11	16000	6000	0	2	52000
宁 夏	30	80000	2200	0	1	370000
新 疆	10	49000	9100	1	2	43200
新疆建设兵团	15	10000	80000	0	0	0

6－4 各副省级城市科协、省会城市科协科普基础设施建设

城市	科技馆(科普活动中心)								
	个数(个)	#建筑面积8000平方米以上(个)	全年参观(培训)人数(人次)	建筑面积(平方米)	展厅面积(平方米)	常设展品(件)	培训(活动)室面积(平方米)	工作人员(人)	专业技术人员
合计	**15**	**5**	**2067970**	**126481**	**69270**	**2315**	**10814**	**646**	**298**
副省级城市小计	**9**	**3**	**1567070**	**88435**	**49800**	**1163**	**8936**	**474**	**253**
宁波*	0	0	0	0	0	0	0	0	0
厦门*	0	0	0	0	0	0	0	0	0
深圳*	1	1	200000	12000	1500	165	586	49	9
青岛*	2	1	15070	2410	1500	200	100	123	65
大连*	1	0	50000	6000	1200	42	1200	38	21
省会城市小计	**11**	**3**	**1802900**	**106071**	**65070**	**1908**	**8928**	**436**	**203**
石家庄	0	0	0	0	0	0	0	0	0
太原	0	0	0	0	0	0	0	0	0
呼和浩特	1	0	0	1920	270	241	60	14	5
沈阳*	0	0	0	0	0	0	0	0	0
长春*	0	0	0	0	0	0	0	0	0
哈尔滨*	1	0	60000	8000	1200	38	2000	18	6
南京*	1	0	500000	35000	32000	350	2500	129	96
杭州*	1	0	160000	3200	1200	38	1200	20	14
合肥	1	1	200000	12000	8500	500	988	52	0
福州	1	0	30000	3900	3000	110	0	22	14
南昌	0	0	0	0	0	0	0	0	0
济南*	0	0	0	0	0	0	0	0	0
郑州	1	1	270000	8426	4100	197	250	63	19
武汉*	1	1	282000	15435	6400	260	350	72	32
长沙	1	0	900	5000	300	30	300	3	2
广州*	1	0	300000	6390	4800	70	1000	25	10
南宁	0	0	0	0	0	0	0	0	0
海口	0	0	0	0	0	0	0	0	0
成都*	0	0	0	0	0	0	0	0	0
贵阳	0	0	0	0	0	0	0	0	0
昆明	0	0	0	0	0	0	0	0	0
拉萨	0	0	0	0	0	0	0	0	0
西安*	0	0	0	0	0	0	0	0	0
兰州	0	0	0	0	0	0	0	0	0
西宁	0	0	0	0	0	0	0	0	0
银川	0	0	0	0	0	0	0	0	0
乌鲁木齐	1	0	0	6800	3300	74	280	18	5

注：城市名称后带“*”的为副省级城市，包括省会城市中带“*”的。

6-4 续表 1

城　市	科普教育基地(示范基地)(个)	全年开放天数(天)	全年参观人数(人次)	#农村科普示范基地(个)	科普活动站(室)(个)	建筑面积(平方米)	全年参加活动(培训)人数(人次)	#青少年科学工作室(个)
合　计	**1057**	**46453**	**13072965**	**376**	**2100**	**187933**	**1408703**	**159**
副省级城市小计	**380**	**19507**	**8786465**	**138**	**1514**	**174072**	**1171603**	**118**
宁　波*	39	350	750000	15	11	3900	105000	2
厦　门*	49	16885	1941405	5	160	16902	48000	0
深　圳*	38	100	100000	0	0	0	0	0
青　岛*	164	30	200000	61	2	100	1500	1
大　连*	2	350	50000	2	105	85320	800000	7
省会城市小计	**765**	**28738**	**10031560**	**293**	**1822**	**81711**	**454203**	**149**
石家庄	0	0	0	0	20	300	500	0
太　原	10	300	100000	10	0	0	0	0
呼和浩特	0	0	0	0	1	360	200	1
沈　阳*	76	156	500000	13	150	3500	103	40
长　春*	0	0	0	0	0	0	0	0
哈尔滨*	30	300	210000	6	400	16000	158000	0
南　京*	77	200	590000	20	31	25000	9000	6
杭　州*	43	565	4360000	15	5	2000	10000	0
合　肥	20	360	150000	6	180	2000	2000	0
福　州	30	300	120000	0	0	0	0	0
南　昌	43	112	12300	20	1	130	8000	1
济　南*	23	219	10060	0	125	15000	7900	59
郑　州	57	12000	1270000	30	172	5160	35000	1
武　汉*	1	317	260000	1	5	350	22000	3
长　沙	53	365	10200	20	0	0	0	0
广　州*	0	0	0	0	0	0	0	0
南　宁	18	365	2000000	0	76	1400	138000	34
海　口	25	365	50000	25	1	321	6000	1
成　都*	0	0	0	0	0	0	0	0
贵　阳	37	15	21000	9	0	0	0	0
昆　明	53	365	150000	7	0	0	0	0
拉　萨	1	1500	15000	1	16	640	12000	3
西　安*	0	0	0	0	520	6000	10100	0
兰　州	12	4000	0	0	60	600	0	0
西　宁	6	300	30000	0	0	0	0	0
银　川	123	6519	150000	105	59	2950	35400	0
乌鲁木齐	27	115	23000	5	0	0	0	0

6-4 续表 2

城市	科普画廊(宣传栏) 个数(个)	科普展示单元总长度(米)	全年更新展出内容次数(次)	科普员(人)	科普网站 个数(个)	浏览人数(人次)	科普大篷车下乡 次数(次)	受益人数(人次)	行驶里程(公里)	研制配发其他形式的流动科普设施(辆)
合　计	**3733**	**57824**	**170**	**7956**	**42**	**4333686**	**327**	**1007533**	**54240**	**3**
副省级城市小计	**2180**	**51952**	**77**	**3742**	**22**	**1317054**	**129**	**191000**	**15200**	**2**
宁　波*	0	0	0	676	1	231096	0	0	0	0
厦　门*	0	0	0	306	1	55000	0	0	0	0
深　圳*	128	2400	12	0	1	120000	0	0	0	0
青　岛*	21	126	14	30	2	15000	0	0	0	1
大　连*	110	14220	6	1022	1	50000	20	15000	1000	0
省会城市小计	**3474**	**41078**	**138**	**5922**	**36**	**3862590**	**307**	**992533**	**53240**	**2**
石家庄	2	240	5	0	0	0	0	0	0	0
太　原	50	1300	0	0	0	0	15	60000	1300	0
呼和浩特	0	0	0	0	1	15000	19	20000	3500	0
沈　阳*	100	1000	0	0	1	8000	0	0	0	0
长　春*	236	1496	4	191	2	12000	8	16000	600	0
哈尔滨*	70	400	6	500	1	78070	12	20000	1000	0
南　京*	904	29000	6	360	2	200000	20	50000	5000	1
杭　州*	0	0	0	0	1	111888	0	0	0	0
合　肥	2	150	4	480	2	35000	0	0	0	0
福　州	1	30	10	0	3	1087410	16	15333	2300	0
南　昌	960	1728	20	960	1	71371	20	1000	800	0
济　南*	40	1740	6	90	1	10000	0	0	0	0
郑　州	280	750	4	1457	1	150000	17	70000	2000	0
武　汉*	2	400	2	32	4	90000	55	60000	5600	0
长　沙	0	0	0	0	1	200000	12	500000	2000	0
广　州*	1	30	4	15	2	128000	0	0	0	0
南　宁	0	0	0	24	1	310000	20	15000	5000	0
海　口	8	480	6	700	1	35000	0	0	0	0
成　都*	8	100	12	0	1	8000	0	0	0	0
贵　阳	5	30	20	200	1	22000	8	5800	930	0
昆　明	0	0	0	0	2	110000	0	0	0	0
拉　萨	5	60	4	50	1	2000	10	8000	7000	0
西　安*	560	1040	5	520	1	200000	14	30000	2000	0
兰　州	8	120	4	60	1	30000	4	8000	400	0
西　宁	5	60	4	0	2	801885	50	100000	10000	1
银　川	225	900	6	283	1	110000	2	5400	310	0
乌鲁木齐	2	24	6	0	1	36966	5	8000	3500	0

注：城市名称后带“*”的为副省级城市，包括省会城市中带“*”的。

6－5 各地区地级科协科普基础设施建设

地 区	科技馆(科普活动中心)								
	个 数 (个)	#建筑面积8000平方米以上(个)	全年参观(培训)人 数(人次)	建筑面积 (平方米)	展厅面积 (平方米)	常设展品 (件)	培训(活动)室面积(平方米)	工作人员 (人)	专业技术人员
合 计	**146**	**11**	**3811323**	**526489**	**193798**	**36209**	**45373**	**1793**	**621**
北 京	2	0	20000	6954	600	0	240	28	3
天 津	2	1	3700	17648	2153	106	1500	41	19
河 北	4	0	116000	15378	5520	240	1500	73	30
山 西	1	0	5600	600	400	42	40	2	0
内蒙古	11	0	88500	15816	4150	1863	1700	73	29
辽 宁	20	0	221650	43421	13950	862	4452	287	73
吉 林	5	0	0	6687	1230	40	230	49	36
黑龙江	3	0	41776	13885	7138	758	1742	48	18
上 海	20	1	817500	47533	14800	3045	4866	230	29
江 苏	2	1	80000	20000	10500	460	900	60	29
浙 江	6	2	299850	45302	20214	772	3572	102	42
安 徽	6	1	301000	30614	13220	270	1920	102	32
福 建	3	0	103727	16988	6876	161	1990	9	6
江 西	4	0	22000	6018	4380	450	820	29	10
山 东	6	1	152000	36900	5900	780	400	91	59
河 南	4	0	60500	10380	4780	131	1070	20	12
湖 北	11	3	447600	65022	21850	1512	4030	179	78
湖 南	3	0	19300	13080	4660	1120	5460	37	27
广 东	10	0	556700	55018	19154	1471	3650	164	22
广 西	1	0	23000	6400	2200	156	1000	18	13
海 南	0	0	0	0	0	0	0	0	0
重 庆	3	0	32560	12539	2620	233	920	24	11
四 川	2	0	31000	2600	1060	64	400	7	0
贵 州	1	1	20000	8000	5000	0	0	2	0
云 南	1	0	210000	345	0	0	0	2	0
西 藏	2	0	2700	960	600	260	100	19	2
陕 西	1	0	0	100	0	25	0	12	4
甘 肃	4	0	27100	5341	3027	342	741	36	3
青 海	0	0	0	0	0	0	0	0	0
宁 夏	1	0	6000	500	300	200	200	2	0
新 疆	2	0	44300	5300	3200	246	700	21	14
新疆建设兵团	5	0	57260	17160	14316	20600	1230	26	20

6－5 续表 1

地 区	科普教育基地(示范基地)(个)	全年开放天数(天)	全年参观人数(人次)	#农村科普示范基地(个)	科普活动站(室)(个)	建筑面积(平方米)	全年参加活动(培训)人数(人次)	#青少年科学工作室(个)
合 计	**5212**	**211043**	**41302683**	**3105**	**13698**	**741613**	**8991705**	**540**
北 京	223	17190	863640	115	1695	97282	602985	44
天 津	141	2988	1222300	65	1134	57587	1157538	54
河 北	36	6550	651000	20	21	800	25000	1
山 西	88	1910	83800	45	30	16480	61000	3
内蒙古	73	1208	86700	20	320	5740	24900	3
辽 宁	813	10113	1067868	652	1377	153900	615868	91
吉 林	195	905	391600	167	619	13020	188860	8
黑龙江	72	1161	64000	27	195	6610	17100	2
上 海	243	13815	21467461	37	1472	93101	1776081	72
江 苏	680	21489	2847750	292	1240	56295	1065875	17
浙 江	141	20496	979130	39	21	2270	15362	11
安 徽	107	7480	642800	64	589	24556	89766	6
福 建	190	11575	486450	72	27	2640	4526	14
江 西	80	6260	208642	53	75	3682	53500	15
山 东	224	2148	301600	129	176	18424	316790	6
河 南	419	12203	461200	387	312	6815	956800	61
湖 北	163	4088	546000	77	198	41800	268300	5
湖 南	205	9783	187160	154	489	18866	62006	2
广 东	278	23456	5289293	126	168	10540	134250	3
广 西	159	3161	296631	114	69	1660	30700	2
海 南	4	320	5800	2	133	3192	4600	0
重 庆	90	8780	460870	40	423	8710	231563	50
四 川	71	8184	634500	56	391	11034	83000	19
贵 州	22	825	54850	13	17	640	5375	0
云 南	21	3365	1009700	5	202	3605	6890	2
西 藏	13	93	1730	10	16	840	7100	0
陕 西	113	690	63200	98	577	11310	37250	2
甘 肃	186	6201	537068	156	1384	56190	907080	34
青 海	20	366	52640	5	42	695	82180	0
宁 夏	22	255	19220	13	92	2940	23050	1
新 疆	72	1350	211080	33	120	5779	57000	7
新疆建设兵团	48	2635	107000	19	74	4610	79410	5

6-5 续表 2

地区	科普画廊(宣传栏) 个数(个)	科普画廊(宣传栏) 科普展示单元总长度(米)	科普画廊(宣传栏) 全年更新展出内容次数(次)	科普员(人)	科普网站 个数(个)	科普网站 浏览人数(人次)	科普大篷车下乡 次数(次)	科普大篷车下乡 受益人数(人次)	科普大篷车下乡 行驶里程(公里)	研制配发其他形式的流动科普设施(辆)
合 计	**21875**	**272314**	**43838**	**85376**	**284**	**22470603**	**3775**	**5435308**	**669534**	**33**
北 京	5901	45091	7284	4965	11	263717	39	109200	6040	0
天 津	1400	15213	1955	8941	9	2928783	0	0	0	1
河 北	45	2839	40	1641	8	225500	25	32000	300	9
山 西	425	3006	65	2765	6	257000	188	21035	14390	7
内蒙古	49	931	75	472	6	289842	231	286100	98130	0
辽 宁	788	22640	6687	5926	21	1431017	408	169600	34526	0
吉 林	496	5865	69	376	3	90000	165	237000	4500	0
黑龙江	38	1468	112	1357	3	19500	30	54500	5400	0
上 海	2907	21113	7521	3352	20	1795811	33	15000	1120	4
江 苏	849	12638	5981	2710	10	3097000	133	303500	7610	1
浙 江	130	5880	41	812	9	1521503	106	126860	8895	0
安 徽	1002	8422	2288	2067	13	804303	91	133200	17176	1
福 建	17	226	106	30	6	199644	0	0	0	0
江 西	327	3202	340	2182	9	549000	68	137500	9900	2
山 东	573	79335	61	25219	18	911250	76	43140	2260	5
河 南	672	4395	768	2455	9	1406080	206	247500	22000	0
湖 北	320	2567	1223	2591	11	964000	82	193000	13150	0
湖 南	1925	5495	272	3068	11	1338164	11	12000	4700	0
广 东	357	6950	880	1854	15	1183493	82	81056	19600	0
广 西	39	2306	115	592	5	60552	237	320460	27688	0
海 南	65	950	6	133	1	31000	2	13000	300	0
重 庆	636	4906	2670	3184	10	183065	0	0	0	0
四 川	331	2103	64	1120	6	557889	168	258450	54856	0
贵 州	33	270	19	52	1	15000	38	86840	5400	0
云 南	246	714	87	562	14	1180242	132	463900	32503	0
西 藏	26	196	44	2	0	0	13	21100	24200	0
陕 西	930	4044	1634	1567	9	409420	49	91560	12600	0
甘 肃	861	4058	2830	4386	17	415737	234	747957	63351	3
青 海	35	147	152	38	3	53000	25	21000	29700	0
宁 夏	137	711	174	122	3	34820	115	279600	11550	0
新 疆	138	1460	45	650	8	70657	688	866150	109591	0
新疆建设兵团	177	3173	230	185	9	183614	100	63100	28098	0

6-6 各地区县级科协科普基础设施建设

地 区	科技馆(科普活动中心)								
	个 数 (个)	#建筑面积8000平方米以上 (个)	全年参观(培训)人数 (人次)	建筑面积 (平方米)	展厅面积 (平方米)	常设展品 (件)	培训(活动)室面积 (平方米)	工作人员 (人)	专业技术人员
合 计	**798**	**43**	**8379005**	**1574900**	**452303**	**160418**	**175339**	**5424**	**2313**
北 京	0	0	0	0	0	0	0	0	0
天 津	0	0	0	0	0	0	0	0	0
河 北	16	0	50330	9780	4330	2800	2100	106	33
山 西	23	0	201050	27537	8440	5980	13710	209	104
内蒙古	101	1	252610	50083	8722	5193	3425	538	71
辽 宁	15	3	214822	32075	8950	4920	5770	156	87
吉 林	37	1	111850	46635	8443	14619	5325	280	166
黑龙江	16	0	186300	20490	4300	2087	3200	115	84
上 海	0	0	0	0	0	0	0	0	0
江 苏	40	5	728620	120660	60680	4399	14100	352	242
浙 江	60	3	832227	128347	30684	17348	13458	382	150
安 徽	16	1	113500	96810	7640	15999	5840	79	27
福 建	19	1	132785	34579	20060	5693	2995	49	25
江 西	11	2	131526	62919	10405	1257	3600	151	94
山 东	46	4	2626980	293781	79723	8435	7650	332	125
河 南	19	0	119800	22464	6267	1280	3388	117	50
湖 北	109	2	837232	134940	41384	21824	20488	543	209
湖 南	63	6	260470	84968	37222	8350	13736	678	306
广 东	68	4	560580	103469	27559	6524	19528	423	188
广 西	21	1	101740	38894	15563	2106	5532	135	85
海 南	2	0	1000	2500	500	0	1500	6	4
重 庆	2	0	28000	1700	700	85	400	5	2
四 川	11	0	94900	14193	2948	3303	1678	27	18
贵 州	6	0	52670	10000	4600	5430	550	31	9
云 南	16	0	93757	25989	9750	1356	6498	154	37
西 藏	1	0	550	150	0	0	150	3	0
陕 西	28	5	310260	79950	19564	9939	6006	317	88
甘 肃	18	3	28260	12490	3890	1476	3340	47	21
青 海	3	0	15036	810	360	595	340	15	11
宁 夏	5	0	12200	3785	650	376	1120	18	6
新 疆	26	1	279950	114902	28969	9044	9912	156	71

6-6 续表 1

地区	科普教育基地(示范基地)(个)	全年开放天数(天)	全年参观人数(人次)	#农村科普示范基地(个)	科普活动站(室)(个)	建筑面积(平方米)	全年参加活动(培训)人数(人次)	#青少年科学工作室(个)
合计	**19794**	**782934**	**67333082**	**14680**	**122518**	**5289206**	**39020172**	**5669**
北京	20	4365	38650	20	422	7960	51643	2
天津	14	774	88420	9	84	2160	46580	13
河北	507	42817	1194030	407	1736	67585	910105	142
山西	666	19669	871950	506	3811	98735	902330	395
内蒙古	350	15479	1126210	239	2715	170965	922928	77
辽宁	866	21233	1450056	703	4563	347927	2717705	350
吉林	381	22729	522038	294	2169	124057	777694	130
黑龙江	288	11051	779357	203	1740	75668	608805	123
上海	10	365	1000000	9	18	1000	100000	5
江苏	1402	86058	11125220	870	9933	531466	4604011	587
浙江	1353	49718	6276635	895	12301	684609	2631982	383
安徽	651	23120	1705547	490	4096	164654	2164421	225
福建	675	39262	1842200	466	6359	173565	1071196	105
江西	599	53313	6641801	370	2106	73245	338201	62
山东	1627	59616	2887758	1125	13277	561463	2643932	277
河南	1691	50328	2202665	1478	6368	180625	1700366	78
湖北	870	20000	4126228	620	8882	489152	2645407	393
湖南	1437	23716	1670439	1172	5205	138402	1063323	482
广东	740	41552	7511380	401	4045	230807	1105274	383
广西	951	28143	2676847	807	3752	131358	2117686	465
海南	150	5759	260016	111	955	30350	366610	13
重庆	149	25381	739560	103	1161	49466	441160	13
四川	1271	35533	3321302	1012	8777	247743	2201634	372
贵州	399	13638	1042547	282	1934	52942	645819	35
云南	378	24573	1906600	249	5620	235703	1187924	43
西藏	4	1015	78350	3	15	570	15580	0
陕西	1409	26492	1339122	1179	4089	142514	1713274	132
甘肃	333	18966	787755	218	1902	77996	645948	176
青海	46	2637	101562	38	269	22641	93103	29
宁夏	121	3905	279400	92	1134	45777	543650	14
新疆	436	11727	1739437	309	3080	128101	2041881	165

6-6 续表 2

地区	科普画廊(宣传栏)			科普员	科普网站		科普大篷车下乡			研制配发其他形式的流动科普设施(辆)
	个数(个)	科普展示单元总长度(米)	全年更新展出内容次数(次)	(人)	个数(个)	浏览人数(人次)	次数(次)	受益人数(人次)	行驶里程(公里)	
合计	**188943**	**1797688**	**214128**	**447492**	**1062**	**48609872**	**5297**	**6998557**	**1008706**	**139**
北京	91	716	10	404	2	50000	21	10000	10000	0
天津	93	520	10	86	2	3675	0	0	0	0
河北	1496	26738	718	10862	36	847407	139	144400	36740	5
山西	8263	104156	3117	17122	43	537448	133	178460	23990	3
内蒙古	2502	19517	3020	6262	46	1378118	134	626006	28871	3
辽宁	4682	52045	16684	19215	42	1593050	908	372500	123566	3
吉林	2188	23365	3326	6347	16	106870	318	291510	38744	2
黑龙江	1701	30833	826	3076	13	159500	37	37900	6200	0
上海	290	1600	12	7000	1	15875	800	60000	25000	1
江苏	10009	105107	17935	68556	77	7554106	171	420490	17530	5
浙江	13136	162209	15340	30944	80	9264363	125	290837	51012	2
安徽	3892	40972	8874	15304	62	4370288	35	77500	7490	6
福建	7856	71292	50133	17958	38	734724	8	21500	660	0
江西	2907	34031	3919	8879	13	156578	97	116308	84020	0
山东	57878	586474	10746	79296	88	3960842	126	429870	105450	26
河南	18062	82794	2205	19740	49	1659830	212	321071	28338	2
湖北	8800	75342	13311	22585	60	4817441	167	182190	43276	0
湖南	5763	49469	2256	17718	51	1424214	227	591430	41776	37
广东	4708	50013	8391	11336	70	2192430	211	298608	76477	0
广西	5313	45104	4997	13092	27	605778	174	848670	46529	12
海南	795	3274	167	2805	4	532	41	40700	3935	0
重庆	687	5910	2318	7179	10	274270	25	8000	15000	0
四川	8613	99504	3592	18108	58	2106732	299	344730	25117	4
贵州	1832	13723	5928	6297	16	421278	105	188450	8818	1
云南	5467	28804	12136	9730	28	559043	200	287200	37500	1
西藏	19	135	5	16	0	0	0	0	0	0
陕西	4758	42164	4689	11456	44	653824	247	389010	51931	11
甘肃	2379	13054	10702	5434	39	2152907	80	175437	5763	13
青海	825	2206	2756	1229	10	176421	77	80500	17200	1
宁夏	1036	4598	360	4131	9	63002	13	14400	24480	0
新疆	2902	22019	5645	5325	28	769326	167	150880	23293	1

七、国际及对港、澳、台地区民间科技交流

简要说明

一、本篇包括中国科协及全国学会、省级科协及所属省级学会、副省级城市科协、省会城市科协、地级科协、县级科协开展国际及对港、澳、台地区民间科技交流活动的情况。

二、本篇统计资料由四部分组成：（一）中国科协、省级科协开展国际及对港、澳、台地区民间科技交流活动的情况。主要指标有：国外来访、港澳地区来访、台湾省来访、派往国外、派往港澳地区、派往台湾省的团组数和参加人数。（二）副省级城市科协、省会城市科协开展国际及对港、澳、台地区民间科技交流活动的情况。主要指标有：国外及港澳台地区来访、派往国外及港澳台地区的团组数和参加人数。（三）地级科协、县级科协开展国际及对港、澳、台地区民间科技交流活动的情况。指标设置同第二部分。（四）全国学会、省级学会开展国际及对港、澳、台地区民间科技交流活动的情况。指标设置同第一部分。

主要指标解释

国外/港、澳地区/台湾省来访团组 指本单位单独或牵头接待，来境内（不含港、澳、台地区）参加会议、展览或技贸、访问考察、夏冬令营、合作研究、培训等科技活动的国外/港、澳地区/台湾省团组。

派往国外/港、澳地区/台湾省团组 指本单位单独或牵头派往国外/港、澳地区/台湾省参加会议、展览或技贸、访问考察、夏冬令营、合作研究、培训等科技活动的团组。一个出国任务批件（一个项目）统计为一个团组。

派出总人数 指所有本单位单独或牵头派往国外/港、澳地区/台湾省团组团组的派出人数（按出国任务批件批准的人数计算，包括外单位人员）。

7-1 中国科协、省级科协国际及对港、澳、台地区民间科技交流活动汇总表

指　　标	合　　计		中国科协		省级科协	
	2008	2009	2008	2009	2008	2009
国外来访团组个数(个)	285	227	56	42	229	185
国外来访总人数（人次）	1567	1547	219	204	1348	1343
#参加会议	393	388	43	48	350	340
参加展览、技贸活动	270	88	61	48	209	40
访问考察	753	895	108	105	645	790
参加其它活动	151	176	7	3	144	173
港、澳地区来访团组个数(个)	39	33	5	11	34	22
港、澳地区来访总人数(人次)	1015	679	353	294	662	385
#参加会议	345	203	0	29	345	174
参加展览、技贸活动	15	4	0	0	15	4
访问考察	312	220	39	13	273	207
参加其它活动	343	252	314	252	29	0
台湾省来访团组个数（个）	51	58	5	7	46	51
台湾省来访总人数(人次)	782	941	59	86	723	855
#参加会议	368	248	0	2	368	246
参加展览、技贸活动	35	91	2	0	33	91
访问考察	308	431	7	23	301	408
参加其它活动	71	171	50	61	21	110
派往国外团组个数(个)	231	237	106	99	125	138
派往国外总人数(人次)	1168	998	320	435	848	563
#参加会议	311	300	93	163	218	137
参加展览、技贸活动	107	8	32	8	75	0
访问考察	570	460	114	100	456	360
参加其它活动	180	230	81	164	99	66
派往港、澳地区团组个数(个)	41	28	24	14	17	14
派往港、澳地区总人数(人次)	233	221	35	57	198	164
#参加会议	89	88	1	9	88	79
参加展览、技贸活动	25	16	0	9	25	7
访问考察	44	74	8	0	36	74
参加其它活动	75	43	26	39	49	4
派往台湾省团组个数(个)	34	75	2	23	32	52
派往台湾省总人数(人次)	379	1382	4	587	375	795
#参加会议	117	722	3	423	114	299
参加展览、技贸活动	38	12	0	0	38	12
访问考察	169	481	0	38	169	443
参加其它活动	55	167	1	126	54	41

7-2 副省级城市科协、省会城市科协、地级科协、县级科协国际及对港、澳、台地区民间科技交流活动汇总表

指　　标	合　　计		副省级、省会城市科协		地级科协		县级科协	
	2008	2009	2008	2009	2008	2009	2008	2009
接待国外及港、澳、台地区团组(个)	349	454	111	142	153	224	85	88
接待国外及港、澳、台地区总人数(人次)	4845	5886	1160	2104	1767	2371	1918	1411
派往国外及港、澳、台地区团组（个）	176	151	46	50	89	73	41	28
派往国外及港、澳、台地区总人数(人次)	1690	1710	413	852	708	662	569	196

7－3 全国学会、省级学会国际及对港、澳、台地区民间科技交流活动汇总表

指 标	合 计		全国学会				省级学会	
			所属学会		委托管理学会			
	2008	2009	2008	2009	2008	2009	2008	2009
国外来访团组个数(个)	2325	2504	885	1015	34	14	1406	1475
国外来访总人数（人次）	25237	19214	11812	9256	266	343	13159	9615
#参加会议	11916	8277	6065	3237	220	292	5631	4748
参加展览、技贸活动	5938	5573	4091	4536	0	24	1847	1013
访问考察	4227	4046	968	1140	42	22	3217	2884
参加其它活动	3156	1318	688	343	4	5	2464	970
港、澳地区来访团组个数(个)	294	348	55	92	2	2	237	254
港、澳地区来访总人数(人次)	3496	4219	508	1297	3	13	2985	2909
#参加会议	2023	2420	304	755	2	11	1717	1654
参加展览、技贸活动	350	398	83	185	0	0	267	213
访问考察	703	874	112	234	1	2	590	638
参加其它活动	420	527	9	123	0	0	411	404
台湾省来访团组个数（个）	265	308	55	76	4	3	206	229
台湾省来访总人数(人次)	3421	3451	1145	1013	13	9	2263	2429
#参加会议	1876	1715	677	657	3	1	1196	1057
参加展览、技贸活动	433	355	353	84	3	0	77	271
访问考察	809	947	69	201	7	8	733	738
参加其它活动	303	434	46	71	0	0	257	363
派往国外团组个数(个)	1088	1197	352	445	16	13	720	739
派往国外总人数(人次)	9010	7233	3277	3109	60	119	5673	4005
#参加会议	4208	4297	2264	1942	50	111	1894	2244
参加展览、技贸活动	727	542	350	301	3	0	374	241
访问考察	3111	1735	390	520	7	8	2714	1207
参加其它活动	964	659	273	346	0	0	691	313
派往港、澳地区团组个数(个)	190	217	23	30	0	0	167	187
派往港、澳地区总人数(人次)	2276	2061	226	344	0	0	2050	1717
#参加会议	1320	1075	203	213	0	0	1117	862
参加展览、技贸活动	219	295	1	27	0	0	218	268
访问考察	523	431	20	19	0	0	503	412
参加其它活动	214	260	2	85	0	0	212	175
派往台湾省团组个数(个)	179	249	38	66	2	3	139	180
派往台湾省总人数(人次)	2624	3475	971	1122	4	10	1649	2343
#参加会议	1401	1959	824	905	0	9	577	1045
参加展览、技贸活动	119	199	10	80	4	0	105	119
访问考察	841	1160	105	115	0	0	736	1045
参加其它活动	263	157	32	22	0	1	231	134

7-4 各省级科协国际及对港、澳、台地区民间科技交流活动

地区	国外来访						港、澳地区来访					
	团组个数(个)	总人数(人次)	参加会议	参加展览、技贸活动	访问考察	参加其它活动	团组个数(个)	总人数(人次)	参加会议	参加展览、技贸活动	访问考察	参加其它活动
合计	**185**	**1343**	**340**	**40**	**790**	**173**	**22**	**385**	**174**	**4**	**207**	**0**
北京	26	223	0	0	151	72	1	29	0	0	29	0
天津	5	16	0	0	16	0	1	39	0	0	39	0
河北	2	11	0	0	11	0	0	0	0	0	0	0
山西	2	9	0	0	9	0	0	0	0	0	0	0
内蒙古	0	0	0	0	0	0	0	0	0	0	0	0
辽宁	2	4	0	0	0	4	0	0	0	0	0	0
吉林	9	48	24	0	0	24	0	0	0	0	0	0
黑龙江	1	2	1	0	1	0	0	0	0	0	0	0
上海	23	198	34	33	102	29	4	84	47	4	33	0
江苏	13	147	113	0	34	0	0	0	0	0	0	0
浙江	65	198	24	0	168	6	1	3	0	0	3	0
安徽	5	122	61	0	40	21	0	0	0	0	0	0
福建	4	137	59	0	65	13	1	13	0	0	13	0
江西	0	0	0	0	0	0	1	40	20	0	20	0
山东	2	6	0	0	6	0	0	0	0	0	0	0
河南	0	0	0	0	0	0	0	0	0	0	0	0
湖北	9	95	5	0	90	0	0	0	0	0	0	0
湖南	0	0	0	0	0	0	0	0	0	0	0	0
广东	3	16	3	0	13	0	3	60	30	0	30	0
广西	1	40	0	0	40	0	2	15	15	0	0	0
海南	0	0	0	0	0	0	0	0	0	0	0	0
重庆	2	14	7	7	0	0	3	62	62	0	0	0
四川	5	40	0	0	40	0	5	40	0	0	40	0
贵州	1	2	0	0	2	0	0	0	0	0	0	0
云南	3	6	5	0	1	0	0	0	0	0	0	0
西藏	1	5	4	0	1	0	0	0	0	0	0	0
陕西	1	4	0	0	0	4	0	0	0	0	0	0
甘肃	0	0	0	0	0	0	0	0	0	0	0	0
青海	0	0	0	0	0	0	0	0	0	0	0	0
宁夏	0	0	0	0	0	0	0	0	0	0	0	0
新疆	0	0	0	0	0	0	0	0	0	0	0	0
新疆建设兵团	0	0	0	0	0	0	0	0	0	0	0	0

7-4 续表 1

地 区	台湾省来访					
	团组个数(个)	总人数(人次)				
			参加会议	参加展览、技贸活动	访问考察	参加其它活动
合 计	**51**	**855**	**246**	**91**	**408**	**110**
北 京	1	30	0	0	30	0
天 津	0	0	0	0	0	0
河 北	0	0	0	0	0	0
山 西	0	0	0	0	0	0
内蒙古	2	6	3	0	3	0
辽 宁	0	0	0	0	0	0
吉 林	1	8	8	0	0	0
黑龙江	1	13	13	0	0	0
上 海	3	112	19	91	2	0
江 苏	1	25	25	0	0	0
浙 江	7	89	6	0	6	77
安 徽	1	4	2	0	2	0
福 建	23	398	150	0	223	25
江 西	0	0	0	0	0	0
山 东	0	0	0	0	0	0
河 南	1	20	0	0	20	0
湖 北	0	0	0	0	0	0
湖 南	0	0	0	0	0	0
广 东	1	3	0	0	3	0
广 西	2	32	0	0	30	2
海 南	0	0	0	0	0	0
重 庆	0	0	0	0	0	0
四 川	3	80	0	0	80	0
贵 州	1	9	0	0	3	6
云 南	2	6	0	0	6	0
西 藏	0	0	0	0	0	0
陕 西	1	20	20	0	0	0
甘 肃	0	0	0	0	0	0
青 海	0	0	0	0	0	0
宁 夏	0	0	0	0	0	0
新 疆	0	0	0	0	0	0
新疆建设兵团	0	0	0	0	0	0

7-4 续表 2

地区	派往国外						派往港、澳地区					
	团组个数(个)	总人数(人次)	参加会议	参加展览、技贸活动	访问考察	参加其它活动	团组个数(个)	总人数(人次)	参加会议	参加展览、技贸活动	访问考察	参加其它活动
合计	**138**	**563**	**137**	**0**	**360**	**66**	**14**	**164**	**79**	**7**	**74**	**4**
北京	13	55	0	0	35	20	0	0	0	0	0	0
天津	0	0	0	0	0	0	0	0	0	0	0	0
河北	3	9	5	0	3	1	0	0	0	0	0	0
山西	2	12	0	0	0	12	0	0	0	0	0	0
内蒙古	4	42	21	0	21	0	1	2	2	0	0	0
辽宁	2	2	0	0	1	1	1	1	0	0	1	0
吉林	2	9	0	0	9	0	0	0	0	0	0	0
黑龙江	1	6	6	0	0	0	0	0	0	0	0	0
上海	6	31	5	0	26	0	1	4	0	0	0	4
江苏	6	24	0	0	23	1	0	0	0	0	0	0
浙江	55	111	40	0	71	0	1	3	0	3	0	0
安徽	2	22	11	0	10	1	0	0	0	0	0	0
福建	6	32	0	0	31	1	0	0	0	0	0	0
江西	0	0	0	0	0	0	0	0	0	0	0	0
山东	4	17	0	0	17	0	0	0	0	0	0	0
河南	5	16	0	0	16	0	0	0	0	0	0	0
湖北	0	0	0	0	0	0	0	0	0	0	0	0
湖南	2	10	0	0	10	0	0	0	0	0	0	0
广东	6	50	21	0	27	2	8	124	60	4	60	0
广西	4	19	0	0	19	0	1	4	4	0	0	0
海南	0	0	0	0	0	0	0	0	0	0	0	0
重庆	3	15	0	0	0	15	0	0	0	0	0	0
四川	0	0	0	0	0	0	0	0	0	0	0	0
贵州	2	12	0	0	12	0	0	0	0	0	0	0
云南	7	33	28	0	5	0	0	0	0	0	0	0
西藏	0	0	0	0	0	0	0	0	0	0	0	0
陕西	0	0	0	0	0	0	0	0	0	0	0	0
甘肃	3	36	0	0	24	12	0	0	0	0	0	0
青海	0	0	0	0	0	0	0	0	0	0	0	0
宁夏	0	0	0	0	0	0	0	0	0	0	0	0
新疆	0	0	0	0	0	0	1	26	13	0	13	0
新疆建设兵团	0	0	0	0	0	0	0	0	0	0	0	0

7-4 续表 3

地 区	派往台湾省					
	团组个数（个）	总人数（人次）	参加会议	参加展览、技贸活动	访问考察	参加其它活动
合 计	**52**	**795**	**299**	**12**	**443**	**41**
北 京	3	8	0	0	8	0
天 津	2	33	33	0	0	0
河 北	1	2	2	0	0	0
山 西	1	1	1	0	0	0
内蒙古	4	52	26	0	26	0
辽 宁	0	0	0	0	0	0
吉 林	0	0	0	0	0	0
黑龙江	1	22	22	0	0	0
上 海	1	19	19	0	0	0
江 苏	4	53	12	0	41	0
浙 江	3	31	0	0	31	0
安 徽	0	0	0	0	0	0
福 建	13	282	92	12	145	33
江 西	2	14	6	0	0	8
山 东	3	29	9	0	20	0
河 南	3	41	0	0	41	0
湖 北	0	0	0	0	0	0
湖 南	1	28	14	0	14	0
广 东	2	109	50	0	59	0
广 西	0	0	0	0	0	0
海 南	0	0	0	0	0	0
重 庆	0	0	0	0	0	0
四 川	0	0	0	0	0	0
贵 州	4	37	4	0	33	0
云 南	2	9	9	0	0	0
西 藏	0	0	0	0	0	0
陕 西	1	12	0	0	12	0
甘 肃	1	13	0	0	13	0
青 海	0	0	0	0	0	0
宁 夏	0	0	0	0	0	0
新 疆	0	0	0	0	0	0
新疆建设兵团	0	0	0	0	0	0

7－5 各副省级城市科协、省会城市科协国际及对港、澳、台地区民间科技交流活动

城　　市	接待国外及港、澳、台地区		派往国外及港、澳、台地区	
	团组个数（个）	总人数（人次）	团组个数（个）	总人数（人次）
合　　计	**142**	**2104**	**50**	**852**
副省级城市小计	**122**	**1909**	**44**	**820**
宁　　波*	0	2	3	17
厦　　门*	4	212	0	3
深　　圳*	28	1025	15	520
青　　岛*	2	12	0	2
大　　连*	8	38	0	0
省会城市小计	**100**	**815**	**32**	**310**
石 家 庄	0	0	0	0
太　　原	0	0	0	0
呼和浩特	0	0	0	0
沈　　阳*	8	37	2	3
长　　春*	1	6	1	5
哈 尔 滨*	2	16	2	26
南　　京*	29	159	3	45
杭　　州*	0	0	2	18
合　　肥	10	60	2	7
福　　州	4	43	3	11
南　　昌	0	0	0	0
济　　南*	0	0	0	0
郑　　州	5	85	0	0
武　　汉*	1	80	5	89
长　　沙	0	0	0	0
广　　州*	25	217	9	62
南　　宁	0	0	0	0
海　　口	0	0	0	0
成　　都*	1	15	0	0
贵　　阳	0	0	0	0
昆　　明	1	7	1	14
拉　　萨	0	0	0	0
西　　安*	13	90	2	30
兰　　州	0	0	0	0
西　　宁	0	0	0	0
银　　川	0	0	0	0
乌鲁木齐	0	0	0	0

注：城市名称后带“*”的为副省级城市，包括省会城市中带“*”的。

7－6　各地区地级科协国际及对港、澳、台地区民间科技交流活动

地　区	接待国外及港、澳、台地区		派往国外及港、澳、台地区	
	团组个数（个）	总人数（人次）	团组个数（个）	总人数（人次）
合　计	**224**	**2371**	**73**	**662**
北　京	1	4	0	0
天　津	0	0	0	0
河　北	3	29	0	0
山　西	0	0	0	0
内蒙古	2	3	2	20
辽　宁	31	253	7	67
吉　林	6	37	1	2
黑龙江	0	0	2	9
上　海	48	253	10	53
江　苏	28	452	11	72
浙　江	0	0	1	35
安　徽	7	172	0	0
福　建	6	116	1	13
江　西	3	28	0	0
山　东	6	72	1	7
河　南	0	0	0	0
湖　北	0	0	0	0
湖　南	0	0	0	0
广　东	19	300	21	222
广　西	12	76	1	38
海　南	2	13	0	0
重　庆	2	8	0	0
四　川	6	104	1	6
贵　州	0	0	0	1
云　南	2	26	0	0
西　藏	0	0	0	0
陕　西	1	3	2	18
甘　肃	1	130	2	13
青　海	0	0	0	0
宁　夏	0	0	0	0
新　疆	1	8	1	4
新疆建设兵团	37	284	9	82

7－7　各地区县级科协国际及对港、澳、台地区民间科技交流活动

地　区	接待国外及港、澳、台地区		派往国外及港、澳、台地区	
	团组个数（个）	总人数（人次）	团组个数（个）	总人数（人次）
合　计	**88**	**1411**	**28**	**196**
北　京	0	0	0	0
天　津	3	10	0	0
河　北	2	4	0	0
山　西	0	0	0	0
内蒙古	9	69	1	6
辽　宁	7	52	1	7
吉　林	0	0	1	21
黑龙江	0	0	0	0
上　海	0	0	0	0
江　苏	15	347	0	0
浙　江	0	0	1	17
安　徽	1	10	1	3
福　建	16	232	1	7
江　西	0	0	0	0
山　东	5	89	4	31
河　南	0	0	0	1
湖　北	1	12	1	15
湖　南	3	50	2	22
广　东	9	325	12	45
广　西	1	10	0	0
海　南	0	0	0	0
重　庆	0	0	0	0
四　川	4	73	1	5
贵　州	5	19	0	3
云　南	0	0	0	0
西　藏	0	0	0	0
陕　西	5	84	0	0
甘　肃	0	0	1	7
青　海	0	0	0	0
宁　夏	0	0	0	0
新　疆	2	25	1	6

7－8 各地区省级学会国际及对港、澳、台地区民间科技交流活动

地区	国外来访						港、澳地区来访					
	团组个数(个)	总人数(人次)	参加会议	参加展览、技贸活动	访问考察	参加其它活动	团组个数(个)	总人数(人次)	参加会议	参加展览、技贸活动	访问考察	参加其它活动
合　计	**1475**	**9615**	**4748**	**1013**	**2884**	**970**	**254**	**2909**	**1654**	**213**	**638**	**404**
北　京	84	389	168	22	165	34	18	172	116	5	43	8
天　津	35	289	35	39	198	17	10	194	70	2	122	0
河　北	38	115	42	0	66	7	1	20	10	0	10	0
山　西	28	187	68	11	108	0	0	0	0	0	0	0
内蒙古	9	31	21	3	3	4	0	0	0	0	0	0
辽　宁	63	236	141	17	48	30	2	3	3	0	0	0
吉　林	31	499	292	129	60	18	0	0	0	0	0	0
黑龙江	30	419	218	113	77	11	1	2	1	0	1	0
上　海	187	1458	719	205	317	217	32	345	190	10	86	59
江　苏	61	451	320	20	30	81	13	249	42	0	0	207
浙　江	86	731	298	78	280	75	4	38	2	0	28	8
安　徽	38	111	54	0	39	18	0	0	0	0	0	0
福　建	55	278	66	8	183	21	9	80	27	8	45	0
江　西	14	49	24	4	15	6	5	82	10	52	20	0
山　东	47	251	198	33	10	10	11	63	33	20	6	4
河　南	2	7	0	0	0	7	0	0	0	0	0	0
湖　北	96	328	136	2	116	74	8	66	58	0	5	3
湖　南	64	458	198	0	259	1	9	158	124	0	34	0
广　东	84	542	284	85	143	30	54	660	463	8	120	69
广　西	38	627	329	102	145	51	4	24	3	0	14	7
海　南	5	80	44	5	26	5	1	3	2	1	0	0
重　庆	127	603	345	76	157	25	31	222	64	84	48	26
四　川	19	116	61	5	44	6	2	134	134	0	0	0
贵　州	13	86	11	2	73	0	2	14	0	0	14	0
云　南	38	281	60	0	98	123	6	23	12	0	10	1
西　藏	4	7	0	0	2	5	1	1	0	0	0	1
陕　西	116	718	484	34	167	33	23	325	276	12	29	8
甘　肃	29	88	37	0	22	29	3	5	3	0	2	0
青　海	5	24	12	0	10	2	1	3	0	0	0	3
宁　夏	15	41	24	2	9	6	3	23	11	11	1	0
新　疆	14	115	59	18	14	24	0	0	0	0	0	0

7－8 续表 1

地 区	台湾省来访					
	团组个数（个）	总人数（人次）				
			参加会议	参加展览、技贸活动	访问考察	参加其它活动
合 计	**229**	**2429**	**1057**	**271**	**738**	**363**
北 京	9	209	108	50	41	10
天 津	7	155	56	10	89	0
河 北	2	30	30	0	0	0
山 西	0	0	0	0	0	0
内蒙古	1	4	2	0	2	0
辽 宁	0	0	0	0	0	0
吉 林	2	37	22	15	0	0
黑龙江	3	11	7	0	2	2
上 海	39	274	165	2	90	17
江 苏	12	187	38	0	20	129
浙 江	10	148	109	0	39	0
安 徽	1	4	0	0	0	4
福 建	74	806	276	124	284	122
江 西	4	4	2	0	2	0
山 东	4	34	17	11	5	1
河 南	0	0	0	0	0	0
湖 北	6	37	13	0	0	24
湖 南	12	53	27	0	26	0
广 东	17	98	52	0	43	3
广 西	2	11	0	0	0	11
海 南	1	6	4	1	1	0
重 庆	9	83	46	5	31	1
四 川	0	0	0	0	0	0
贵 州	0	0	0	0	0	0
云 南	4	19	7	0	12	0
西 藏	1	1	0	0	0	1
陕 西	8	80	30	7	5	38
甘 肃	0	0	0	0	0	0
青 海	0	0	0	0	0	0
宁 夏	0	0	0	0	0	0
新 疆	1	138	46	46	46	0

7－8 续表 2

地区	派往国外						派往港、澳地区					
	团组个数（个）	总人数（人次）	参加会议	参加展览、技贸活动	访问考察	参加其它活动	团组个数（个）	总人数（人次）	参加会议	参加展览、技贸活动	访问考察	参加其它活动
合　计	**739**	**4005**	**2244**	**241**	**1207**	**313**	**187**	**1717**	**862**	**268**	**412**	**175**
北　京	19	107	56	6	23	22	6	78	58	0	20	0
天　津	10	77	57	0	18	2	2	5	0	0	5	0
河　北	16	49	39	0	9	1	2	2	2	0	0	0
山　西	14	117	59	0	46	12	2	23	23	0	0	0
内蒙古	3	16	2	12	2	0	0	0	0	0	0	0
辽　宁	17	83	57	0	26	0	2	12	11	0	1	0
吉　林	5	60	26	0	34	0	0	0	0	0	0	0
黑龙江	7	90	57	1	1	31	10	72	37	0	4	31
上　海	57	281	147	24	74	36	6	226	135	50	36	5
江　苏	24	164	31	22	106	5	7	103	14	0	69	20
浙　江	82	471	171	67	179	54	2	6	3	0	3	0
安　徽	23	84	37	12	33	2	2	64	35	28	1	0
福　建	38	88	31	0	52	5	20	34	14	0	20	0
江　西	7	9	6	2	1	0	5	24	11	0	13	0
山　东	39	261	163	40	31	27	6	55	35	19	1	0
河　南	0	0	0	0	0	0	0	0	0	0	0	0
湖　北	24	99	54	3	9	33	2	7	6	0	1	0
湖　南	97	643	538	0	101	4	23	249	104	0	81	64
广　东	36	371	300	29	37	5	51	462	265	125	66	6
广　西	24	186	100	0	81	5	2	27	0	0	1	26
海　南	2	112	56	0	56	0	0	0	0	0	0	0
重　庆	105	232	80	12	128	12	16	178	77	32	69	0
四　川	7	11	2	0	9	0	0	0	0	0	0	0
贵　州	4	44	9	0	34	1	1	18	0	6	6	6
云　南	15	71	48	1	13	9	1	3	2	0	1	0
西　藏	1	1	0	0	1	0	0	0	0	0	0	0
陕　西	20	54	27	5	20	2	11	39	17	8	8	6
甘　肃	27	96	27	0	28	41	3	7	5	0	0	2
青　海	7	55	29	4	22	0	1	7	0	0	0	7
宁　夏	2	23	10	0	10	3	4	16	8	0	6	2
新　疆	7	50	25	1	23	1	0	0	0	0	0	0

7-8 续表 3

地 区	派往台湾省					
	团组个数（个）	总人数（人次）	参加会议	参加展览、技贸活动	访问考察	参加其它活动
合 计	**180**	**2343**	**1045**	**119**	**1045**	**134**
北 京	12	119	59	0	33	27
天 津	2	25	10	0	15	0
河 北	2	6	6	0	0	0
山 西	2	2	1	0	1	0
内蒙古	2	11	5	1	5	0
辽 宁	5	37	27	0	10	0
吉 林	0	0	0	0	0	0
黑龙江	0	0	0	0	0	0
上 海	8	128	37	1	65	25
江 苏	12	199	89	8	102	0
浙 江	7	67	26	14	27	0
安 徽	4	26	0	0	26	0
福 建	57	694	224	68	382	20
江 西	2	14	6	0	0	8
山 东	4	103	90	1	9	3
河 南	2	14	2	1	11	0
湖 北	4	12	10	0	2	0
湖 南	13	354	239	0	115	0
广 东	11	237	107	0	130	0
广 西	6	58	6	22	30	0
海 南	1	40	20	0	20	0
重 庆	5	31	13	0	18	0
四 川	1	17	0	0	17	0
贵 州	1	1	0	0	1	0
云 南	6	52	33	0	19	0
西 藏	1	1	0	0	1	0
陕 西	9	94	35	2	6	51
甘 肃	1	1	0	1	0	0
青 海	0	0	0	0	0	0
宁 夏	0	0	0	0	0	0
新 疆	0	0	0	0	0	0

八、科技活动和社会服务

简要说明

一、本篇包括中国科协及全国学会、省级科协及所属省级学会、副省级城市科协、省会城市科协、地级科协、县级科协的科技活动和社会服务情况。

二、本篇统计资料由四部分组成：（一）中国科协、省级科协科技活动和社会服务的情况。主要指标有：开展“讲、比”活动企业数、参与“讲、比”活动的科技人员、“讲、比”活动立项数、“金桥工程”本年完成数、完成技术咨询合同、完成委托项目、反映科技工作者建议、答复人大代表议案、建议和政协委员提案、受理科技工作者来信来访、举办培训班、专项奖励基金、表彰奖励科技工作者等。（二）副省级城市科协、省会城市科协科技活动和社会服务的情况。主要指标有：开展“讲、比”活动企业数、参与“讲、比”活动的科技人员、“讲、比”活动立项数、“金桥工程”本年完成数、完成技术咨询合同、完成委托项目、反映科技工作者建议、答复人大代表议案、建议和政协委员提案、受理科技工作者来信来访、举办培训班、表彰奖励科技工作者等。（三）地级科协、县级科协科技活动和社会服务的情况。指标设置同第二部分。（四）全国学会、省级学会科技服务的情况。主要指标有：完成技术咨询合同、完成委托项目、反映科技工作者建议、举办国内技贸展览、举办培训班、专项奖励基金、表彰奖励科技工作者等。

主要指标解释

开展“讲、比”活动企业数 指本年度内开展“讲理想、比贡献”活动的企业数量。统计本级地方科协直接联系的企业。

参与“讲、比”活动的科技人员 指本年内参加本企业组织开展的“讲、比”活动的科技人员数量。

“讲、比”活动立项数 本年度内企业在开展“讲、比”活动过程中，由企业科技人员根据企业发展需要提出的、经评审或审核批准设立的项目数量。

项目完成数 指本年度经企业验收完成的已立项的“讲、比”活动项目数量。

“节能降耗、减排增效”项目 本企业“讲、比”完成项目中，以节约能源、降低消耗、减少排放、增加效率为主题设立并完成的项目数。

节约成本金额 指本企业在本年度内通过开展“讲、比”活动所节约的企业成本总额。由企业财务部门提供数据。统计已完成“讲、比”项目。

增加收入金额 指本企业在本年度内通过开展“讲、比”活动为企业增加的收入总额。由企业财务部门提供数据。统计已完成“讲、比”项目。

“讲、比”活动中提出合理化建议数 指本年度内在本企业“讲、比”活动中，科技人员提出的能使企业生产、经营、管理等取得显著效益的建议数量。按“条”统计。

被采纳建议数 本年度在开展“讲、比”活动中，企业采纳科技人员提出的合理化建议的数量。以“条”为计量单位统计。

完成技术咨询合同 指报告期内已经完成结算的合同。尚未结算的合同不统计。

技术合同实现金额 指本年度内已经完成结算的技术合同总金额。

技术交易额 指咨询合同实现金额扣除直接成本和设备费用后的纯技术交易额（即科技含量部分）。

完成委托项目 指本单位受社会有关部门和单位委托并收取相应费用，已在本年完成的课题研究、项目论证、决策咨询、成果鉴定、职称评定等项目。

反映科技工作者建议 指科技工作者以书面形式正式向同级或上级党和政府及有关部门反映的有关社会、经济、科技、科技团体和个人权益保障等方面的意见和建议。

获得批示的建议 指相关部门领导对科技工作者反映的建议做出书面批示的建议数量。

答复人大代表议案、建议和政协委员提案 指人大和政协的有关机构交办、本单位负责并完成答复工作的议案、建议和提案。

受理科技工作者来信来访 指本单位本年内接受办理科技工作者以书面或口头的形式反映情况，提出合理化意见和建议的件数。

提供法律、政策帮助 指为本团体（包括本单位及其所属团体）和科技人员的权益保障提供法律、法规和政策的咨询、论证、转呈、呼吁等方面的帮助。

举办培训班 指本单位针对特定群体开展的为期一周以上并颁发结业证书的各类培训班。包括农函大培训。

专项奖励基金 指截止本年12月31日本单位设立，以基金形式运作、专门用于科学技术行政部门批准的科技奖励项目的资金。

表彰奖励科技工作者 指本单位正式行文表彰（含命名）的，在科技工作中有特殊贡献的科技工作者。一般的表扬鼓励和专门针对本单位工作人员的奖励不统计在内。

举办国内技贸展览 指本单位单独或牵头举办的展览会、技术展示交流会、博览会等（一般指规模较大，代表性和综合性较强的展览）。

展览面积 指展览实际有效面积（净面积）。

举办国际技贸展览 指本单位单独或牵头举办、境外参展商比例在20%以上的展览会、技术展示交流会、博览会等（一般指规模较大，代表性和综合性较强的展览）。

8－1 中国科协、省级科协科技活动和社会服务汇总表

指　　标	合　　计		中国科协		省级科协	
	2008	2009	2008	2009	2008	2009
“讲理想、比贡献”及科技咨询活动						
开展“讲、比”活动企业数(个)	3095	2116	—	1	3095	2115
#国有企业	2604	1367	—	1	2604	1366
参与“讲、比”活动的科技人员(万人次)	44	16	—	0.0005	44	16
“讲、比”活动立项数(项)	15132	8935	—	6	15132	8929
#项目完成数	12096	7391	—	6	12096	7385
#“节能降耗、减排增效”项目	7493	5267	—	6	7493	5261
节约成本金额(千元)	2776380	1883101	—	16	2776380	1883085
增加收入金额(千元)	1080025	2225531	—	0	1080025	2225531
“讲、比”活动中提出合理化建议数(条)	91334	77360	—	12	91334	77348
#被采纳建议数	35623	27185	—	12	35623	27173
“金桥工程”本年完成数(项)	1379	1144	0	0	1379	1144
完成技术咨询合同(项)	10494	5973	280	300	10214	5673
技术合同实现金额(千元)	2023137	2948446	530000	800000	1493137	2148446
#技术交易额	1286732	1848661	0	0	1286732	1848661
完成委托项目(项)	1371	271	108	70	1263	201
社会服务						
反映科技工作者建议(条)	649	833	297	138	352	695
#获得批示的建议	93	60	14	16	79	44
答复人大代表议案、建议和政协委员提案(项)	47	73	16	19	31	54
受理科技工作者来信来访(件)	249	627	138	253	111	374
提供法律、政策帮助(次)	203	250	57	3	146	247
举办培训班(个)	2026	2278	11	70	2015	2208
培训人数(万人次)	16	20	0.1	2	16	18
#农函大本年结业学员	0.4	5.4	0	2	0.4	3.4
专项奖励基金(项)	12	13	1	1	11	12
基金总额(千元)	19877	26896	10640	15000	9237	11896
本年奖励金额(千元)	2347	8266	0	4000	2347	4266
表彰奖励科技工作者(人次)	5870	3143	2630	179	3240	2964
#女性科技工作者	827	807	41	58	786	749

8－2 副省级城市科协、省会城市科协、地级科协、县级科协科技活动和社会服务汇总表

指标	合计		副省级、省会城市科协		地级科协		县级科协	
	2008	2009	2008	2009	2008	2009	2008	2009
“讲理想、比贡献”及科技咨询活动								
开展“讲、比”活动企业数(个)	12839	15983	743	835	3828	4586	8268	10562
#国有企业	2693	3226	316	406	1357	1499	1020	1321
参与“讲、比”活动的科技人员(万人次)	118	130	22	27	62	64	34	39
“讲、比”活动立项数(项)	53172	56051	15203	12771	25012	30368	12957	12912
#项目完成数	35553	39790	9695	8484	16887	21525	8971	9781
# “节能降耗、减排增效”项目	16408	16933	5656	4262	6328	8003	4424	4668
节约成本金额(千元)	3472380	4205778	413185	329620	1273791	2055526	1785404	1820632
增加收入金额(千元)	10417190	9423081	1828928	1322504	3594976	3725701	4993286	4374876
“讲、比”活动中提出合理化建议数(条)	256903	298073	28467	30265	151523	206117	76913	61691
#被采纳建议数	133213	158244	15579	19608	82463	109235	35171	29401
“金桥工程”本年完成数(项)	5572	7395	818	766	2046	2633	2708	3996
完成技术咨询合同(项)	18449	18966	4922	4832	9415	8500	4112	5634
技术合同实现金额(千元)	3215929	5325205	668380	267399	1488045	2616724	1059504	2441082
#技术交易额	1386412	3077041	418874	142196	448827	1488980	518711	1445864
完成委托项目(项)	5119	3150	665	196	1976	2046	2478	908
社会服务								
反映科技工作者建议(条)	24946	25642	1518	1311	5533	6125	17895	18206
#获得批示的建议	7266	7256	370	355	1095	1236	5801	5665
答复人大代表议案、建议和政协委员提案(项)	3298	3052	21	85	348	412	2929	2555
受理科技工作者来信来访(件)	20728	18383	284	121	3218	2211	17226	16051
举办培训班(个)	59501	43740	468	2088	9948	6634	49085	35018
培训人数(万人次)	840	577	4	15	102	104	734	458
#农函大本年结业学员	87	91	0.4	4	10	15	77	71
农村基层干部	159	117	0.1	5	6	17	153	95
城镇劳动者	186	152	0.4	0.2	18	25	168	127
表彰奖励科技工作者(人次)	—	47492	—	1755	—	15070	—	30667
其中：女性科技工作者	—	13449	—	541	—	4797	—	8111

8-3 全国学会、省级学会科技服务汇总表

指　　标	合　　计		全国学会				省级学会	
			所属学会		委托管理学会			
	2008	2009	2008	2009	2008	2009	2008	2009
完成技术咨询合同（项）	5524	4889	309	512	2	0	5213	4377
咨询合同实现金额(千元)	235893	233911	53997	34438	10	0	181886	199474
#技术交易额	70172	67898	15626	15102	10	0	54536	52796
完成委托项目(项)	8328	3999	335	598	8	6	7985	3395
反映科技工作者建议(项)	5924	7180	644	686	24	11	5256	6483
#获得批示的建议	1091	2187	128	144	1	0	962	2043
举办国内技贸展览(次)	363	365	86	84	4	0	273	281
#展览面积1000平方米以上	200	201	57	46	1	0	142	155
举办国际技贸展览(次)	104	101	32	44	3	0	69	57
展览面积(万平方米)	119	181	48	99	4	0	67	82
举办培训班(个)	14247	11672	1880	1775	59	54	12308	9843
培训人数(万人次)	198	135	61	21	0.3	0.3	136	114
专项奖励基金(个)	253	213	126	45	0	0	127	168
基金总额(千元)	93872	109244	79163	88885	0	0	14709	20359
本年奖励金额(千元)	10410	9344	5879	3552	0	0	4531	5792
表彰奖励科技工作者(人次)	34479	40109	12411	18055	69	74	21999	21980
#女性科技工作者	7048	10096	2153	3802	13	22	4882	6272

8－4　各省级科协科技活动和社会服务

地　区	开展“讲、比”活动企业数（个）	#国有企业	参与“讲、比”活动的科技人员（人次）	“讲、比”活动立项　数（项）	#项　目完成数	#“节能降耗、减排增效”项目	节约成本金额（千元）	增加收入金额（千元）
合　计	**2115**	**1366**	**163861**	**8929**	**7385**	**5261**	**1883085**	**2225531**
北　京	30	20	130	30	30	10	35000	52000
天　津	101	63	8600	530	330	152	0	0
河　北	0	0	0	0	0	0	0	0
山　西	50	45	13500	900	750	150	200	9000
内蒙古	0	0	0	0	0	0	0	0
辽　宁	0	0	0	0	0	0	0	0
吉　林	0	0	0	0	0	0	0	0
黑龙江	0	0	0	0	0	0	0	0
上　海	658	657	5500	230	213	85	500000	0
江　苏	0	0	0	0	0	0	0	0
浙　江	19	12	4700	920	740	420	7900	21100
安　徽	33	8	15000	200	150	6	0	0
福　建	81	0	4525	743	430	113	0	0
江　西	0	0	0	0	0	0	0	0
山　东	8	8	907	523	445	232	16513	28452
河　南	0	0	0	0	0	0	0	0
湖　北	0	0	0	0	0	0	0	0
湖　南	0	0	0	0	0	0	0	0
广　东	830	412	28000	1200	980	980	1000000	1500000
广　西	0	0	0	0	0	0	0	0
海　南	22	4	6600	1100	770	115	115	0
重　庆	90	21	46442	1386	1638	2587	176357	434979
四　川	0	0	0	0	0	0	0	0
贵　州	42	42	6800	378	378	194	0	0
云　南	0	0	0	0	0	0	0	0
西　藏	1	1	40	1	1	0	0	0
陕　西	1	0	180	1	1	1	0	0
甘　肃	70	45	11000	600	480	210	80000	180000
青　海	0	0	0	0	0	0	0	0
宁　夏	27	5	3500	28	28	0	0	0
新　疆	52	23	8437	159	21	6	67000	0
新疆建设兵团	0	0	0	0	0	0	0	0

8-4 续表 1

地 区	"讲、比"活动中提出合理化建议数(条)	#被采纳建议数	"金桥工程"本年完成数(项)	完成技术咨询合同(项)	技术合同实现金额(千元)	#技 术交易额	完成委托项目(项)
合 计	**77348**	**27173**	**1144**	**5673**	**2148446**	**1848661**	**201**
北 京	30	10	108	136	1334130	1323485	0
天 津	2875	1785	0	0	0	0	0
河 北	0	0	62	400	30000	0	40
山 西	1600	500	18	16	19770	19000	0
内蒙古	0	0	0	0	0	0	0
辽 宁	0	0	3	116	8068	8068	0
吉 林	0	0	0	0	0	0	0
黑龙江	0	0	0	0	0	0	0
上 海	13715	1283	0	0	0	0	0
江 苏	0	0	192	36	16800	16800	0
浙 江	720	440	30	179	11565	11565	0
安 徽	0	0	139	2460	240950	10000	0
福 建	1549	364	38	326	51483	51483	74
江 西	0	0	0	328	38000	38000	0
山 东	214	172	140	102	16000	16000	83
河 南	0	0	0	56	6100	240	0
湖 北	0	0	382	538	100410	88500	0
湖 南	0	0	0	45	967	0	1
广 东	32000	7500	0	0	0	0	0
广 西	0	0	0	110	2555	818	0
海 南	1760	980	0	0	0	0	0
重 庆	21065	13139	0	335	140000	140000	3
四 川	0	0	1	348	116860	115220	0
贵 州	220	220	0	0	0	0	0
云 南	0	0	0	106	8118	5682	0
西 藏	0	0	0	0	0	0	0
陕 西	0	0	0	16	1670	0	0
甘 肃	1600	780	0	0	0	0	0
青 海	0	0	0	0	0	0	0
宁 夏	0	0	0	0	0	0	0
新 疆	0	0	31	20	5000	3800	0
新疆建设兵团	0	0	0	0	0	0	0

8-4 续表 2

地 区	反映科技工作者建议(条)	#获得批示的建议	答复人大代表议案、建议和政协委员提案(项)	受理科技工作者来信来访(件)	提供法律、政策帮助(次)	举办培训班(个)	培训人数(人次)	#农函大本年结业学员
合 计	**695**	**44**	**54**	**374**	**247**	**2208**	**182159**	**33894**
北 京	192	10	8	0	0	395	13156	0
天 津	3	1	0	0	0	10	708	0
河 北	0	0	0	0	0	1	200	0
山 西	12	5	12	35	37	17	2820	1800
内蒙古	28	0	0	0	0	1	90	0
辽 宁	4	0	1	0	0	511	100400	0
吉 林	23	1	0	2	0	7	8000	0
黑龙江	1	0	0	0	0	0	0	0
上 海	11	0	0	4	0	214	6996	0
江 苏	4	4	3	18	0	15	500	0
浙 江	10	1	4	6	10	78	4800	0
安 徽	0	0	2	0	0	6	300	0
福 建	35	1	0	18	1	52	3972	0
江 西	22	0	1	0	0	5	216	0
山 东	44	0	0	45	60	1	158	0
河 南	0	0	0	0	0	0	0	0
湖 北	0	0	0	20	6	795	32094	32094
湖 南	0	0	1	0	107	2	440	0
广 东	100	0	0	22	10	22	1316	0
广 西	4	2	0	0	0	0	0	0
海 南	0	0	0	0	0	0	0	0
重 庆	80	13	4	45	0	15	500	0
四 川	1	0	0	0	0	0	0	0
贵 州	10	0	0	1	0	3	355	0
云 南	6	1	2	82	10	14	393	0
西 藏	2	0	0	0	0	1	28	0
陕 西	37	0	0	0	0	31	1817	0
甘 肃	17	2	3	5	6	6	600	0
青 海	0	0	0	0	0	0	0	0
宁 夏	34	3	0	71	0	6	2300	0
新 疆	15	0	13	0	0	0	0	0
新疆建设兵团	0	0	0	0	0	0	0	0

8-4 续表 3

地区	专项奖励基金(项)	基金总额(千元)	本年奖励金额(千元)	表彰奖励科技工作者(人次)	#女性科技工作者
合计	**12**	**11896**	**4266**	**2964**	**749**
北京	0	0	0	290	65
天津	0	0	0	301	93
河北	0	0	0	0	0
山西	1	2300	1300	336	57
内蒙古	0	0	0	30	8
辽宁	0	0	0	40	11
吉林	0	0	0	20	3
黑龙江	0	0	0	0	0
上海	0	0	0	99	18
江苏	0	0	0	39	1
浙江	0	0	0	0	0
安徽	2	1400	1400	20	3
福建	2	3280	350	253	52
江西	0	0	0	0	0
山东	0	0	0	68	10
河南	0	0	0	64	8
湖北	0	0	0	29	1
湖南	1	200	200	20	2
广东	1	250	250	25	14
广西	1	240	240	73	15
海南	1	126	126	147	37
重庆	0	0	0	125	52
四川	0	0	0	50	8
贵州	0	0	0	30	8
云南	2	4000	300	176	40
西藏	0	0	0	0	0
陕西	0	0	0	186	35
甘肃	0	0	0	34	7
青海	0	0	0	0	0
宁夏	0	0	0	479	191
新疆	0	0	0	20	7
新疆建设兵团	1	100	100	10	3

8－5 各副省级城市科协、省会城市科协科技活动和社会服务

城　　市	开展“讲、比”活动企业数（个）	#国有企业	参与“讲、比”活动的科技人员（人次）	“讲、比”活动立项数（项）	#项目完成数	#“节能降耗、减排增效”项目	节约成本金额（千元）	增加收入金额（千元）
合　计	**835**	**406**	**267492**	**12771**	**8484**	**4262**	**329620**	**1322504**
副省级城市小计	**682**	**336**	**228377**	**9385**	**5854**	**2692**	**146830**	**526342**
宁　波*	7	7	3500	45	40	35	22000	15000
厦　门*	48	16	3819	17	9	9	0	0
深　圳*	0	0	0	0	0	0	0	0
青　岛*	75	30	14000	870	710	680	0	0
大　连*	38	32	24550	848	565	542	3200	1600
省会城市小计	**667**	**321**	**221623**	**10991**	**7160**	**2996**	**304420**	**1305904**
石家庄	0	0	0	0	0	0	0	0
太　原	50	30	26378	2426	1939	1300	130000	719400
呼和浩特	0	0	0	0	0	0	0	0
沈　阳*	21	21	10317	1709	960	462	0	0
长　春*	15	15	4800	150	120	45	76	19
哈尔滨*	10	6	472	1403	0	0	3894	4344
南　京*	45	30	5257	905	875	451	15000	50000
杭　州*	98	6	10353	1231	937	84	87660	35000
合　肥	0	0	0	0	0	0	0	0
福　州	12	2	700	153	44	37	0	0
南　昌	0	0	0	0	0	0	0	0
济　南*	107	34	6599	1053	920	171	0	379
郑　州	6	6	534	210	180	85	46040	37740
武　汉*	50	11	140000	685	310	130	15000	420000
长　沙	0	0	0	0	0	0	0	0
广　州*	160	120	430	3	3	0	0	0
南　宁	22	14	1519	281	206	80	0	27222
海　口	2	1	509	10	6	1	6000	5000
成　都*	0	0	0	0	0	0	0	0
贵　阳	0	0	0	0	0	0	0	0
昆　明	8	7	1079	175	127	12	0	0
拉　萨	0	0	0	0	0	0	0	0
西　安*	8	8	4280	466	405	83	0	0
兰　州	18	8	3840	106	106	45	750	6800
西　宁	0	0	0	0	0	0	0	0
银　川	12	0	756	6	6	5	0	0
乌鲁木齐	23	2	3800	19	16	5	0	0

注：城市名称后带“*”的为副省级城市，包括省会城市中带“*”的。

8-5 续表 1

城　市	"讲、比"活动中提出合理化建议数(条)	#被采纳建议数	"金桥工程"本年完成数(项)	完成技术咨询合同(项)	技术合同实现金额(千元)	#技术交易额	完成委托项目(项)
合　计	**30265**	**19608**	**766**	**4832**	**267399**	**142196**	**196**
副省级城市小计	**10758**	**5565**	**638**	**3474**	**176124**	**99348**	**196**
宁　波*	160	96	35	80	3500	3000	80
厦　门*	317	117	0	0	0	0	0
深　圳*	0	0	0	0	0	0	0
青　岛*	327	210	102	2000	2880	2880	1
大　连*	156	85	65	75	14000	12000	0
省会城市小计	**29305**	**19100**	**564**	**2677**	**247019**	**124316**	**115**
石家庄	0	0	25	5	180	130	0
太　原	13551	9304	0	40	597	0	0
呼和浩特	0	0	0	0	0	0	0
沈　阳*	154	0	0	0	0	0	0
长　春*	860	320	125	80	5000	250	14
哈尔滨*	2710	1913	26	20	4285	3459	26
南　京*	1056	296	81	327	30000	30000	75
杭　州*	4462	2239	65	281	45459	45459	0
合　肥	0	0	27	700	46000	0	0
福　州	60	0	0	180	10890	10890	0
南　昌	0	0	0	0	0	0	0
济　南*	76	59	0	0	0	0	0
郑　州	752	612	0	220	6828	6828	0
武　汉*	350	120	41	515	42000	0	0
长　沙	0	0	0	0	0	0	0
广　州*	0	0	0	0	0	0	0
南　宁	1289	1023	0	0	0	0	0
海　口	26	3	0	0	0	0	0
成　都*	0	0	98	0	0	0	0
贵　阳	0	0	0	163	1780	0	0
昆　明	580	300	3	50	25000	25000	0
拉　萨	0	0	0	0	0	0	0
西　安*	130	110	0	96	29000	2300	0
兰　州	3200	2763	68	0	0	0	0
西　宁	0	0	0	0	0	0	0
银　川	28	28	0	0	0	0	0
乌鲁木齐	21	10	5	0	0	0	0

8-5 续表 2

城　市	反映科技工作者建议(条)	#获得批示的建议	答复人大代表议案、建议和政协委员提案(项)	受理科技工作者来信来访(件)	举办培训班(个)	培训人数(人次)	#农函大本年结业学员	#农村基层干部	#城镇劳动者	表彰奖励科技工作者(人次)	#女性科技工作者
合　计	**1311**	**355**	**85**	**121**	**2088**	**146592**	**42858**	**49218**	**1556**	**1755**	**541**
副省级城市小计	**340**	**39**	**29**	**100**	**1940**	**140075**	**41286**	**48050**	**200**	**847**	**233**
宁　波*	5	3	0	1	1178	89035	41286	0	0	293	43
厦　门*	5	0	1	0	1	100	0	0	0	0	0
深　圳*	10	6	10	0	0	0	0	0	0	49	10
青　岛*	1	1	0	0	0	0	0	0	0	0	0
大　连*	15	5	2	76	5	1710	0	0	0	0	0
省会城市小计	**1275**	**340**	**72**	**44**	**904**	**55747**	**1572**	**49218**	**488**	**488**	**488**
石家庄	16	5	0	3	0	0	0	0	0	0	0
太　原	5	1	0	0	0	0	0	0	0	20	7
呼和浩特	0	0	0	0	0	0	0	0	0	0	0
沈　阳*	50	0	0	0	0	0	0	0	0	0	0
长　春*	20	2	2	0	3	500	0	300	200	130	25
哈尔滨*	0	0	0	0	0	0	0	0	0	0	0
南　京*	17	5	7	11	19	485	0	275	0	375	155
杭　州*	39	3	1	0	728	47475	0	47475	0	0	0
合　肥	30	6	2	1	0	0	0	0	0	127	38
福　州	10	5	0	1	13	473	0	0	0	8	0
南　昌	600	275	0	0	28	1320	1008	312	0	0	0
济　南*	0	0	0	0	0	0	0	0	0	0	0
郑　州	8	0	1	0	5	280	0	0	0	300	68
武　汉*	170	12	3	9	1	60	0	0	0	0	0
长　沙	13	7	0	0	1	25	0	0	0	18	2
广　州*	8	2	1	3	4	630	0	0	0	0	0
南　宁	0	0	1	0	0	0	0	0	0	0	0
海　口	5	0	0	0	20	311	0	0	0	25	6
成　都*	0	0	2	0	0	0	0	0	0	0	0
贵　阳	3	1	0	0	1	10	0	0	0	100	39
昆　明	15	3	0	4	5	566	0	0	0	0	0
拉　萨	0	0	2	0	0	0	0	0	0	0	0
西　安*	0	0	0	0	1	80	0	0	0	0	0
兰　州	0	0	0	0	0	0	0	0	0	111	48
西　宁	0	0	0	0	0	0	0	0	0	0	0
银　川	36	2	1	10	10	1320	564	0	0	139	81
乌鲁木齐	230	11	49	2	65	2212	0	856	1356	60	19

注：城市名称后带“*”的为副省级城市，包括省会城市中带“*”的。

8-6 各地区地级科协科技活动和社会服务

地　区	开展“讲、比”活动企业数（个）	#国有企业	参与“讲、比”活动的科技人员（人次）	“讲、比”活动立项数（项）	#项　目完成数	#“节能降耗、减排增效”项　目	节约成本金额（千元）	增加收入金额（千元）
合　计	**4586**	**1499**	**644572**	**30368**	**21525**	**8003**	**2055526**	**3725701**
北　京	28	25	2670	42	11	6	2080	2850
天　津	89	32	13552	544	277	155	543847	759715
河　北	110	85	28910	2153	1217	683	45507	58444
山　西	115	90	36288	1055	760	261	15420	50980
内蒙古	40	3	2288	86	62	25	178	0
辽　宁	327	89	78497	1636	1318	654	236171	213252
吉　林	82	26	18271	1070	910	155	262094	657
黑龙江	179	59	12857	2716	2151	344	111850	326793
上　海	618	166	18105	161	136	44	130520	203700
江　苏	633	110	35036	3378	623	440	100897	637096
浙　江	143	53	31522	167	82	34	12170	44800
安　徽	50	18	2447	430	351	111	380	10008
福　建	74	8	12833	282	204	99	24	946
江　西	37	23	12800	443	334	177	18000	30000
山　东	698	176	80803	1191	901	352	20515	31658
河　南	106	51	18340	745	607	183	27563	55213
湖　北	86	27	25420	1084	1006	808	83000	36000
湖　南	206	113	97426	3392	2674	1734	176450	537250
广　东	83	23	7547	83	57	40	58300	19000
广　西	112	30	4586	310	228	127	9765	11750
海　南	1	0	30	0	0	0	0	0
重　庆	52	21	1032	45	31	22	36564	59616
四　川	301	68	80007	7274	6091	1357	120089	477306
贵　州	0	0	0	0	0	0	0	0
云　南	35	16	901	28	27	13	1500	2000
西　藏	6	0	30	5	5	2	0	0
陕　西	49	22	6171	522	475	22	2017	1017
甘　肃	201	69	11920	1156	782	48	19830	130209
青　海	0	0	0	0	0	0	0	0
宁　夏	8	1	2300	16	5	3	0	0
新　疆	38	32	760	116	18	2	200	3000
新疆建设兵团	79	63	1223	238	182	102	20595	22440

8－6 续表 1

地区	"讲、比"活动中提出合理化建议数(条)	#被采纳建议数	"金桥工程"本年完成数(项)	完成技术咨询合同(项)	技术合同实现金额(千元)	#技术交易额	完成委托项目(项)
合计	**206117**	**109235**	**2633**	**8500**	**2616724**	**1488980**	**2046**
北京	117	56	79	71	99489	88489	6
天津	2242	1237	134	762	1014500	787500	21
河北	27774	12535	194	29	4800	4800	29
山西	7953	3574	41	85	3800	160	3
内蒙古	261	34	0	0	0	0	0
辽宁	3125	2223	269	633	30013	24980	8
吉林	3545	389	44	0	0	0	0
黑龙江	6092	4693	328	416	8530	1000	386
上海	271	135	0	403	857053	298273	3
江苏	4218	2237	328	1923	100107	76157	1049
浙江	432	136	207	331	9070	7320	20
安徽	183	106	175	507	19138	5361	37
福建	2517	2138	10	506	5410	365	0
江西	1709	1298	50	30	1505	1035	2
山东	37237	24171	94	30	9200	4800	18
河南	1539	1220	39	823	10788	8512	13
湖北	927	575	223	184	47226	136	2
湖南	39628	27793	2	116	12700	6700	0
广东	399	152	11	7	151500	30000	5
广西	661	357	87	66	14800	9500	23
海南	0	0	0	0	0	0	0
重庆	88	52	2	43	21136	5604	6
四川	43035	21695	230	1247	182963	126702	201
贵州	0	0	0	0	0	0	0
云南	39	9	0	0	0	0	4
西藏	10	0	0	0	0	0	0
陕西	530	410	54	245	8120	420	201
甘肃	18195	902	21	22	4300	1100	7
青海	0	0	0	0	0	0	0
宁夏	1680	57	0	0	0	0	0
新疆	453	126	2	0	0	0	0
新疆建设兵团	1257	925	9	21	575	65	2

8-6 续表 2

地区	反映科技工作者建议(条)	#获得批示的建议	答复人大代表议案、建议和政协委员提案(项)	受理科技工作者来信来访(件)	举办培训班(个)	培训人数(人次)	#农函大本年结业学员	#农村基层干部	#城镇劳动者	表彰奖励科技工作者(人次)	#女性科技工作者
合　计	**6125**	**1236**	**412**	**2211**	**6634**	**1036217**	**153537**	**167160**	**245712**	**15070**	**4797**
北　京	181	6	3	19	710	50180	40000	5000	5060	432	214
天　津	181	85	10	89	578	55447	15629	5192	34263	989	414
河　北	223	80	11	60	377	100853	3200	1300	6900	304	95
山　西	402	35	10	57	34	9640	1040	690	420	387	97
内蒙古	121	33	4	29	6	690	0	115	485	111	14
辽　宁	728	90	63	188	868	238300	7377	5332	28708	319	86
吉　林	47	7	3	46	23	2265	114	399	262	207	79
黑龙江	391	6	2	159	136	2120	0	120	2000	152	27
上　海	191	35	33	25	574	63231	0	790	37681	604	219
江　苏	382	57	15	8	408	108880	60	100500	1100	318	84
浙　江	161	30	13	32	501	67359	50705	1410	15000	1049	290
安　徽	111	19	10	46	19	1184	0	30	350	266	92
福　建	138	32	5	55	21	1425	150	565	350	73	2
江　西	299	72	8	129	153	33950	21298	5450	7152	423	84
山　东	192	77	22	87	7	6590	120	1360	60	858	297
河　南	161	44	8	175	33	3600	0	1400	2200	1555	585
湖　北	214	96	6	76	107	2920	2300	5	15	291	65
湖　南	215	71	31	117	54	5558	0	560	3090	849	167
广　东	41	6	5	94	100	4538	0	850	2170	346	105
广　西	109	33	40	57	32	14565	1000	3500	6315	1329	485
海　南	4	0	0	21	26	3600	0	200	0	0	0
重　庆	95	14	29	64	20	1987	335	459	625	593	169
四　川	471	19	11	107	5	90	0	0	0	762	194
贵　州	23	0	0	1	2	100	90	10	0	18	4
云　南	107	12	9	114	50	1799	1260	435	0	542	187
西　藏	16	2	4	1	9	470	0	390	0	32	10
陕　西	54	12	5	30	129	18725	2342	2125	1369	1183	447
甘　肃	445	70	26	288	658	80249	6167	19002	4348	371	74
青　海	19	3	2	1	8	376	81	0	45	6	2
宁　夏	61	7	1	7	163	13306	0	1378	11928	46	17
新　疆	100	39	15	25	22	1110	0	550	0	236	75
新疆建设兵团	242	144	8	4	801	141110	269	8043	73816	419	117

8－7 各地区县级科协科技活动和社会服务

地 区	开展“讲、比”活动企业数（个）	#国有企业	参与“讲、比”活动的科技人员（人次）	“讲、比”活动立项数（项）	#项目完成数	#“节能降耗、减排增效”项目	节约成本金额（千元）	增加收入金额（千元）
合 计	**10562**	**1321**	**386982**	**12912**	**9781**	**4668**	**1820632**	**4374876**
北 京	0	0	0	0	0	0	0	0
天 津	30	20	258	12	12	12	0	0
河 北	267	20	9283	190	151	94	27892	51595
山 西	116	48	3819	170	72	46	50729	51215
内蒙古	158	11	10031	178	129	80	45764	62665
辽 宁	356	81	25674	914	650	184	22019	836529
吉 林	223	18	3881	676	381	140	11641	30601
黑龙江	218	47	3079	145	115	70	11051	9449
上 海	0	0	0	0	0	0	0	0
江 苏	1888	124	49883	1208	1037	510	464334	785374
浙 江	728	17	41566	2136	1765	780	257130	906341
安 徽	282	17	4466	349	190	110	48587	210404
福 建	716	62	36396	1609	1225	303	6482	7544
江 西	182	31	3300	78	50	34	12673	29315
山 东	1482	188	58807	1182	919	486	181515	155321
河 南	558	74	14777	586	452	202	31703	71834
湖 北	481	71	20206	468	389	247	181044	276195
湖 南	545	152	16261	431	370	184	223333	218971
广 东	201	26	7250	131	98	43	23563	78782
广 西	320	30	16002	563	508	371	22420	65806
海 南	6	2	48	3	3	2	100	150
重 庆	334	21	7007	520	181	175	35445	80909
四 川	657	114	32116	740	607	340	81764	264450
贵 州	59	5	2105	59	42	32	5531	3101
云 南	119	26	4564	74	57	34	3568	5823
西 藏	0	0	0	0	0	0	0	0
陕 西	156	57	5549	165	117	68	8378	33485
甘 肃	266	26	5911	177	143	75	18617	125933
青 海	51	1	342	19	13	4	1602	2310
宁 夏	81	25	2708	86	72	22	7120	7570
新 疆	82	7	1693	43	33	20	36629	3205

8-7 续表 1

地区	“讲、比”活动中提出合理化建议数(条)	#被采纳建议数	“金桥工程”本年完成数(项)	完成技术咨询合同(项)	技术合同实现金额(千元)	#技术交易额	完成委托项目(项)
合计	**61691**	**29401**	**3996**	**5634**	**2441082**	**1445864**	**908**
北京	0	0	4	0	0	0	0
天津	120	120	0	0	0	0	0
河北	1056	646	149	84	42210	21765	14
山西	1243	610	11	8	890	180	0
内蒙古	362	145	15	195	9213	6060	10
辽宁	897	588	136	122	26663	6861	0
吉林	3549	2257	1039	62	3171	1645	22
黑龙江	516	259	77	22	140120	87820	7
上海	0	0	0	0	0	0	0
江苏	11551	4462	378	1184	410268	338220	322
浙江	12408	6092	586	2464	459117	380884	73
安徽	624	369	134	69	30184	15057	28
福建	6133	2072	99	122	20338	11622	96
江西	353	172	97	52	68775	12027	4
山东	7988	4265	212	73	83965	27400	26
河南	1494	1177	20	29	6410	2363	4
湖北	2385	1178	347	273	256160	56842	56
湖南	1963	1346	144	349	364835	143206	100
广东	398	262	15	127	313415	307630	27
广西	420	252	11	76	23800	9200	11
海南	5	3	1	0	0	0	0
重庆	2564	1086	16	11	2430	1750	0
四川	3612	1085	392	246	160641	12516	65
贵州	67	48	7	6	40	10	8
云南	200	90	3	2	7000	0	10
西藏	0	0	0	0	0	0	0
陕西	384	180	52	15	4258	630	4
甘肃	759	359	29	34	4879	1525	15
青海	332	120	7	0	0	0	0
宁夏	163	74	0	2	2000	500	1
新疆	145	84	15	7	300	150	5

8-7 续表 2

地　区	反映科技工作者建议(条)	#获得批示的建议	答复人大代表议案、建议和政协委员提案(项)	受理科技工作者来信来访(件)	举　办培训班(个)	培训人数(人次)	#农函大本年结业学员	#农村基层干部	#城　镇劳动者	表彰奖励科技工作者(人次)	#女性科技工作者
合　计	**18206**	**5665**	**2555**	**16051**	**35018**	**4583547**	**709537**	**949655**	**1272516**	**30667**	**8111**
北　京	6	0	0	0	0	0	0	0	0	30	10
天　津	20	4	0	1	220	11060	0	326	10734	55	11
河　北	1025	342	176	965	755	119082	4455	26690	43405	795	269
山　西	801	159	85	429	2977	124551	13424	31746	43981	506	197
内蒙古	403	155	132	234	1779	253794	2322	57530	113618	493	149
辽　宁	693	121	47	272	1131	245868	5597	9860	70834	923	300
吉　林	281	109	43	164	101	15411	402	6079	6141	433	108
黑龙江	904	248	144	826	503	254042	22234	108369	112488	759	227
上　海	0	0	0	0	0	0	0	0	0	31	9
江　苏	965	289	194	1102	1586	284730	4226	105944	145358	2762	647
浙　江	905	215	95	216	5911	409711	203876	45422	57567	2336	623
安　徽	486	166	106	522	513	155919	7009	34791	63855	661	156
福　建	841	219	61	769	1592	156256	42754	20429	50116	1160	255
江　西	654	161	87	361	1025	144761	44296	23717	22672	523	122
山　东	1995	546	209	985	2059	479246	20416	90289	119957	3392	919
河　南	1184	409	138	1058	324	59793	903	19182	31952	2907	906
湖　北	758	271	126	1043	578	100884	6630	15507	21553	1670	430
湖　南	1560	709	195	2054	2134	297085	35508	98369	99514	2175	498
广　东	384	130	48	263	860	78014	1450	33177	26978	1106	239
广　西	632	272	90	628	1283	174327	2889	56811	50271	1054	311
海　南	59	22	20	61	560	52063	0	11460	3793	70	13
重　庆	210	56	51	152	51	6931	1080	1415	3536	471	129
四　川	1100	287	149	1243	157	302023	750	13378	22164	1684	432
贵　州	237	72	41	336	402	21360	3622	4033	9647	770	128
云　南	491	178	54	1067	5014	298844	179886	60904	26813	1156	262
西　藏	0	0	0	0	0	0	0	0	0	0	0
陕　西	616	198	110	646	1328	224783	10863	25097	51904	964	250
甘　肃	518	111	62	389	1437	149697	6503	29282	29577	654	184
青　海	59	12	16	25	83	8627	2012	4795	933	47	12
宁　夏	54	18	12	47	98	13780	1938	3790	7852	122	42
新　疆	365	186	64	193	557	140905	84492	11263	25303	958	273

8－8　各地区省级学会科技服务

地　区	完成技术咨询合同（项）	咨询合同实现金额（千元）	#技　术交易额	完成委托项目（项）	反映科技建议（项）	#获得批示的建议	举办国内技贸展览（次）	#展览面积1000平方米以上
合　计	**4377**	**199474**	**52796**	**3395**	**6483**	**2043**	**281**	**155**
北　京	60	1624	382	267	254	25	10	7
天　津	608	6699	5441	167	981	533	18	14
河　北	40	9409	2771	102	247	134	1	1
山　西	33	2816	291	23	320	83	4	2
内蒙古	4	393	150	9	2	2	2	1
辽　宁	30	945	118	50	574	84	3	2
吉　林	197	5340	746	24	425	14	8	2
黑龙江	66	9016	0	53	95	46	0	0
上　海	793	21029	5428	815	42	5	28	16
江　苏	311	3749	1709	175	642	188	9	5
浙　江	148	8798	5670	112	63	10	8	7
安　徽	73	1939	5	69	80	8	8	1
福　建	242	6914	3148	184	277	87	11	8
江　西	149	1986	494	205	71	3	0	0
山　东	166	2459	644	39	181	11	16	13
河　南	7	320	20	16	103	31	5	5
湖　北	64	2434	605	40	182	21	7	2
湖　南	91	13505	5959	270	285	157	6	5
广　东	111	10304	1462	113	60	10	19	16
广　西	41	34162	4035	84	38	11	6	5
海　南	11	810	700	8	5	0	3	3
重　庆	115	20041	2305	86	318	97	62	18
四　川	7	479	0	18	118	17	7	2
贵　州	76	1508	767	142	91	7	1	0
云　南	147	11721	7371	115	126	43	7	2
西　藏	1	30	0	9	13	7	0	0
陕　西	322	3555	653	60	617	313	21	16
甘　肃	46	5920	1085	22	122	26	2	0
青　海	78	3695	229	27	5	0	0	0
宁　夏	157	595	15	36	14	9	6	0
新　疆	183	7280	595	55	132	61	3	2

8－8 续表 1

地区	举办国际技贸展览		举办培训班		专项奖励基金			表彰奖励科技工作者（人次）	
	次数（次）	展览面积（平方米）	个数（个）	培训人数（人次）	项数（项）	基金总额（千元）	本年奖励金额（千元）		#女性科技工作者
合计	**57**	**822537**	**9843**	**1135419**	**168**	**20359**	**5792**	**21980**	**6272**
北京	1	1000	200	23839	4	1260	80	536	246
天津	5	23250	314	27389	49	1653	153	734	296
河北	1	450	472	51111	3	218	126	636	162
山西	0	0	319	32137	2	64	44	993	479
内蒙古	1	1000	41	3080	0	0	0	18	3
辽宁	2	2500	318	95293	8	274	167	2489	550
吉林	0	0	633	69540	3	163	58	863	331
黑龙江	0	0	103	8383	3	40	30	84	43
上海	18	394351	783	85902	17	7345	735	1050	326
江苏	0	0	436	44365	2	400	132	876	187
浙江	1	20000	335	29666	2	1600	1516	241	39
安徽	1	9	562	34708	3	461	182	772	236
福建	2	980	1482	128199	3	1452	521	1168	249
江西	1	30	161	14592	1	200	17	782	123
山东	8	194527	296	29873	3	238	228	1557	353
河南	0	0	21	2689	0	0	0	654	206
湖北	0	0	168	38201	2	260	20	415	172
湖南	2	2000	342	38835	9	386	287	1513	354
广东	6	134030	326	81187	18	2009	513	868	385
广西	1	3000	214	20855	7	208	208	867	215
海南	0	0	219	14098	0	0	0	54	28
重庆	1	250	353	29642	8	426	317	511	134
四川	1	10	103	9698	0	0	0	340	63
贵州	0	0	78	7199	2	41	41	298	44
云南	0	0	319	46426	0	0	0	718	226
西藏	0	0	134	31656	0	0	0	74	36
陕西	3	15100	296	47757	8	1172	57	857	168
甘肃	0	0	142	10975	3	121	46	419	125
青海	0	0	78	4949	0	0	0	69	13
宁夏	1	50	157	14189	4	160	160	502	195
新疆	1	30000	438	58986	4	207	155	1022	285

九、科普资源建设及科技传媒

简要说明

一、本篇统计资料由四部分组成：（一）中国科协、省级科协科普资源建设及科技传媒的情况。（二）副省级城市科协、省会城市科协科普资源建设及科技传媒的情况。（三）地级科协、县级科协科普资源建设及科技传媒的情况。（四）全国学会、省级学会科普资源建设及科技传媒的情况。

二、“科普资源建设及科技传媒”主要指标有：科普读物（科普图书、科普挂图、科普期刊）、制作科普广播影视节目、开发、制作科普展览、科普活动资源包、数字化科普资源、主办科技期刊、编著科技图书、主办科技报纸、编辑论文集、制作科技光盘、制作科技、广播影视节目、科普动漫作品等。

表9-1统计数据由中国科协、省级科协提供；

表9-2统计数据由副省级城市科协、省会城市科协、地级科协、县级科协提供；

表9-3统计数据由全国学会、省级学会提供。

主要指标解释

科普读物 指本单位独立或牵头为公众创作的科普图书、科普挂图、科普期刊等。

科普图书 指本单位年度内独立或牵头组织编著的，在新闻出版机构登记、有正式书号的科普类图书。

科普挂图 指本年度内，本单位独立或牵头组织编创的，用于各项科普宣传活动的挂图。以主题进行统计，一个主题计为一种。

科普期刊 指本单位年度内独立或牵头组织编辑发行以刊登科普知识为主要内容，并在新闻出版机构登记、有正式刊号或有内部准印证的科普性刊物。不包括各类内部刊物。

科普读物总印数 指本单位年度内独立或牵头为公众创作的，拥有版权或使用权的，由印刷媒体印制的科普图书、科普挂图和科普期刊的总数。

制作科普广播影视节目 指本单位年度内独立或牵头组织制作的科普广播节目、科普电影和科普电视节目的总数量。

科普广播节目 指本单位年度内独立或牵头组织制作的，供广播电台播出的科普节目。

开发、制作科普展览 指本单位年度内独立或牵头组织开发制作的科普展览，包括平面展览。

展览面积 指展览充分展示需占用的场地面积。

开发、制作科普展品 指本年度内，由本单位独立或牵头组织设计制作的，用于展览的实物模型。

科普活动资源包 指年度内为科普活动组织者开展某项专题科普活动提供的信息和资源的集合体，包括活动策划背景、实施方案、设备或材料、活动配套服务等内容。

数字化科普资源 指本单位年度内经过数字化加工，具备网上浏览、下载及再利用功能的各种科普资源。（注：Mb为电子文件的存储单位，即电子文件存储容量的大小。此指标的数值填写应为其下面5个其中指标包含的所有文件存储容量之和，保留两位小数）。

科普图片、挂图 指本单位年度内自行设计、制作并拥有著作权的，用于各项科普活动的图片和挂图。经数字化加工后，可实现图片和挂图网上浏览，并可付诸印刷和再开发。

专题科普展览 指在年度内将与专题科普相关的展品、展板、场景、环境装饰效果图经数字化加工后，以网上科普展览的形式供公众阅览，并可让科普工作者复制、下载。

科普动漫作品 指本单位年度内，以“科普创意”为核心，以动画、漫画为表现形式，以网络为技术传播手段的动漫作品等。

科普音像制品 指本单位年度内自己制作并拥有著作权的，经过数字化加工的科普影视作品，公众可通过网络下载或在线视频直播的方式观看。不含科普动漫作品。

科普研究文献 指年度内，本单位拥有版权的国内外科普研究成果及文献，经数字化加工后，公众可以在线浏览或下载保存使用。

制作科技光盘 指本单位制作（含拷贝）、以传播科学技术为题材的光盘，包括激光唱盘（CD）、激光视盘（VCD）、高密度激光唱盘（DVD-A）和高密度激光视盘（DVD-V）等。

主办科技期刊 指本单位主办的，具有固定刊名、刊期、年卷或年月顺序编号、印刷成册、以报道科学技术为主要内容的连续出版物。包括学术期刊、综合期刊、技术期刊和检索期刊。只统计在新闻出版机构注册登记，有正式刊号或内部准印证并由本单位直接主办、负责编辑的期刊，不包括各类内部刊物。此指标不包括科普期刊。

学术期刊 指以刊登研究报告、学术论文、综合评述为主要内容的期刊。

检索期刊 指以刊登对原始科技文献经过加工、浓缩，按照一定的著录规则编辑而成的目录、文摘、索引为主要内容的期刊。

编著科技图书 指本单位组织编著的科技综合类、信息类、普及类、专业技术类和专著等图书。只统计在新闻出版机构登记，有正式刊号的科技图书。

主办科技报纸 指本单位主办的面向社会的科技综合类、信息类、普及类和专业技术类报纸。只统计在新闻出版机构注册登记，有正式报刊登记证，由本单位直接主办、负责编辑的科技报纸。

编辑论文集 指本单位选编的论文汇编集。包括由本单位内部出版的论文集和面向科技人员的学术性文集。不统计由作者自印或会议上印发的单篇论文资料；不统计会议纪要、简报、学术会议综述等会务资料。

9-1 中国科协、省级科协科普资源建设及科技传媒汇总表

指　　标	合　　计		中国科协		省级科协	
	2008	2009	2008	2009	2008	2009
科普读物(种)	803	1027	174	406	629	621
其中：科普图书	270	561	60	312	210	249
科普挂图	484	395	111	91	373	304
科普期刊	47	63	3	3	44	60
科普读物总印数(万册/幅)	3869	5589	454	373	3415	5216
其中：科普图书(万册)	345	476	75	164	270	312
科普挂图(万幅)	740	585	268	114	472	471
科普期刊(万册)	2769	4475	111	96	2658	4379
制作科普广播、影视节目(小时)	649	471	166	210	483	261
其中：科普广播节目	105	122	70	67	35	55
开发、制作科普展览(个)	106	81	32	24	74	57
展览面积(万平方米)	6	12	1	7	5	5
开发、制作科普展品(件)	1177	4466	37	1070	1140	3396
科普活动资源包(个)	69	65	7	9	62	56
数字化科普资源(Gb)	838	403	707	98	131	304
其中：科普图片、挂图(幅)	88744	733725	85000	718113	3744	15612
专题科普展览(个)	250	112	124	51	126	61
科普动漫作品(个)	3459	4633	2100	1	1359	4632
科普音像制品(小时)	4686	579	4504	303	182	276
科普研究文献(篇)	5201	4191	5200	3374	1	817
主办科技期刊(种)	18	51	5	6	13	45
其中：学术期刊	7	13	3	5	4	8
科技期刊总印数(万册)	58	699	26	31	32	668
其中：学术期刊总印数	30	35	24	26	6	9
科技期刊发表论文数(篇)	1946	3694	676	885	1270	2809
其中：学术期刊发表论文数	1696	1806	676	885	1020	921
编著科技图书(种)	309	262	50	201	259	61
总印数(万册)	291	104	10	47	281	57
主办科技报纸(种)	31	29	0	0	31	29
总印数(万份)	12795	13202	0	0	12795	13202
编辑论文集(种)	76	68	8	14	68	54
总印数(万册)	4	18	1	15	2	3
发表论文(篇)	8860	6360	2389	1608	6471	4752

9－2 副省级城市科协、省会城市科协、地级科协、县级科协科普资源建设及科技传媒汇总表

指 标	合 计		副省级、省会城市科协		地级科协		县级科协	
	2008	2009	2008	2009	2008	2009	2008	2009
科普读物(种)	13958	11558	503	335	1662	1485	11793	9738
#科普图书	1139	2266	38	68	267	325	834	1873
科普挂图	6707	7058	412	201	905	817	5390	6040
科普期刊	2169	975	31	48	309	219	1829	708
科普读物总印数(万册／幅)	1828	1867	107	132	569	562	1152	1173
#科普图书(万册)	564	824	29	38	217	215	318	571
科普挂图(万幅)	371	346	29	31	99	75	243	240
科普期刊(万册)	482	425	24	54	185	156	273	215
制作科普广播、影视节目(小时)	10750	11223	270	277	1393	2246	9087	8700
#科普广播节目	3141	5914	58	153	252	1067	2831	4694
开发、制作科普展览(个)	9382	6096	75	39	673	1099	8634	4958
展览面积(万平方米)	36	26	0.32	2	7	6	29	18
开发、制作科普展品(件)	73021	86742	561	327	27987	7666	44473	78749
科普活动资源包(个)	17885	3139	21	20	244	435	17620	2684
数字化科普资源(Gb)	3514	217	151	15	733	142	2630	61
#科普图片、挂图(幅)	72948	25910	2255	375	3012	6581	67681	18954
专题科普展览(个)	1610	1084	402	12	108	203	1100	869
科普动漫作品(个)	925	1451	268	224	260	876	397	351
科普音像制品(小时)	789	469	9	50	73	142	707	278
科普研究文献(篇)	1777	1607	5	16	44	74	1728	1517
编著科技图书(种)	1520	495	53	30	396	135	1071	330
总印数(万册)	816	265	39	42	298	72	479	151

9－3 全国学会、省级学会科普资源建设及科技传媒汇总表

指标	合计		全国学会				省级学会	
			所属学会		委托管理学会			
	2008	2009	2008	2009	2008	2009	2008	2009
主办科技期刊(种)	2129	2075	929	960	14	11	1186	1104
总印数(万册)	9044	8371	6155	5860	20	27	2869	2484
发表论文(万篇)	52	313	27	28	0.23	0.2	25	22
#学术期刊(种)	1420	1373	698	682	9	9	713	682
总印数(万册)	3635	3427	2109	2125	17	24	1509	1278
发表论文(万篇)	40	299	20	21	0.19	0.2	20	16
#科普期刊(种)	245	218	83	81	3	1	159	136
总印数(万册)	3841	3245	2992	2473	2	2	847	770
发表论文(万篇)	4	4	2	2	0.05	0.05	2	2
#技术期刊(种)	389	387	137	167	2	1	250	219
总印数(万册)	1034	1124	580	777	0.7	0.5	453	347
发表论文(万篇)	7	8	4	4	0	0	3	4
#检索期刊(种)	11	8	3	2	0	0	8	6
总印数(万册)	22	22	15	1	0	0	7	21
发表论文(万篇)	0.25	0.04	0.14	0.01	0	0	0.11	0.03
主办科技报纸(种)	68	72	7	4	1	1	60	67
总印数(万份)	1956	1983	220	201	0.2	0.5	1736	1782
编著科技图书(种)	932	986	170	227	3	2	759	757
总印数(万册)	724	753	190	173	0.64	0.8	533	580
#科普图书(种)	465	569	90	126	0	0	375	443
总印数(万册)	481	534	117	111	0	0	364	424
开发科普挂图(种)	620	478	73	133	153	26	394	319
总印数(万幅)	759	643	451	46	60	0	248	597
编辑论文集(种)	3365	3568	1133	1238	50	20	2182	2310
总印数(万册)	141	123	56	45	2	0.5	83	78
发表论文(万篇)	473	34	14	16	0.57	0.09	458	18
制作科技光盘(种)	656	639	227	295	4	1	425	343
总印数(万张)	92	82	32	30	0.05	0	60	52
#公开出版发行(种)	181	149	142	127	4	0	35	22
总印数(万册)	47	52	17	22	0.05	0	30	30
制作科技广播、影视节目(套)	1027	509	410	78	0	0	617	431
播放时间(小时)	1332	712	705	176	0	0	627	536
科普动漫作品(个)	523	52	13	6	0	0	510	46
播放时间(小时)	387	19	1	2	0	0	386	17
主办科技网站(个)	549	686	176	229	18	5	355	452
浏览人数(万人)	47337	59343	41719	53197	88	157	5530	5989

9－4　各省级科协科普资源建设及科技传媒

地　区	科普读物(种)	#科普图书(种)	#科普挂图(种)	#科普期刊(种)	科普读物总印数(册/幅)	#科普图书(册)	#科普挂图(幅)	#科普期刊(册)	制作科普广播影视节目(分钟)	#科普广播节目
合　计	**621**	**249**	**304**	**60**	**52160076**	**3115784**	**4708098**	**43786094**	**15637**	**3298**
北　京	40	23	14	1	406933	142000	16933	240000	0	0
天　津	4	1	3	0	9018	9000	18	0	0	0
河　北	27	3	9	15	72700	10700	32000	30000	650	0
山　西	37	10	25	2	2265000	39000	1830000	396000	215	130
内蒙古	1	0	0	1	60000	0	0	60000	0	0
辽　宁	6	2	3	1	81500	5000	67500	9000	1455	0
吉　林	11	4	6	1	156000	100000	44000	12000	0	0
黑龙江	2	0	0	2	20000	0	0	20000	0	0
上　海	108	77	30	1	1313728	448728	700000	165000	0	0
江　苏	13	2	11	0	122000	50000	72000	0	3800	0
浙　江	6	0	5	1	48000	0	40000	8000	3051	3051
安　徽	4	1	2	0	100000	10000	90000	0	0	0
福　建	37	15	21	1	421000	195000	82000	144000	500	0
江　西	62	6	54	2	1100211	100000	164147	836064	0	0
山　东	33	22	8	1	180000	20000	82000	53000	0	0
河　南	4	3	1	0	165000	15000	150000	0	660	0
湖　北	8	0	5	3	260000	0	20000	240000	0	0
湖　南	1	0	0	1	6660000	0	0	6660000	0	0
广　东	19	3	16	0	970000	510000	460000	0	60	0
广　西	14	13	0	1	112100	109500	0	2600	0	0
海　南	25	5	20	0	20000	15000	5000	0	0	0
重　庆	14	1	1	12	31418000	900000	20000	30498000	0	0
四　川	43	28	10	5	4006826	247396	600000	3159430	210	0
贵　州	5	3	1	0	30200	30000	200	0	180	0
云　南	13	0	9	3	1720800	0	63700	1140000	1840	90
西　藏	0	0	0	0	0	0	0	0	0	0
陕　西	27	19	8	0	188660	67460	121200	0	129	0
甘　肃	5	2	2	0	56000	31000	25000	0	0	0
青　海	11	1	8	2	34200	30000	200	4000	27	27
宁　夏	35	3	30	2	53000	25000	18000	10000	2080	0
新　疆	4	1	1	2	105000	5000	1000	99000	780	0
新疆建设兵团	2	1	1	0	4200	1000	3200	0	0	0

9-4 续表 1

地区	开发、制作科普展览(个)	展览面积(平方米)	开发、制作科普展品(件)	科普活动资源包(个)	数字化科普资源(MB)	#科普图片、挂图(幅)	#专题科普展览(个)	#科普动漫作品(个)	#科普音像制品(分钟)	#科普研究文献(篇)
合计	**57**	**54063**	**3396**	**56**	**304193**	**15612**	**61**	**4632**	**16586**	**817**
北京	9	11000	80	10	26604	400	1	3675	5540	0
天津	0	0	0	0	2000	2000	9	0	2400	800
河北	0	0	0	4	190503	0	0	0	650	0
山西	2	2800	52	5	3000	1250	23	256	1376	0
内蒙古	0	0	0	0	0	0	0	0	0	0
辽宁	0	0	0	0	0	0	0	0	0	0
吉林	2	1000	10	0	0	0	0	0	0	0
黑龙江	0	0	0	0	10	0	0	0	0	1
上海	4	2750	100	15	2048	0	0	400	0	0
江苏	3	1200	240	1	0	0	0	0	0	0
浙江	0	0	0	0	0	0	0	0	0	0
安徽	2	200	270	2	0	0	0	0	0	0
福建	2	1500	11	0	2	0	0	1	0	0
江西	0	0	0	1	4000	1520	0	10	0	0
山东	0	0	0	0	310	64	0	0	0	0
河南	0	0	0	0	30413	0	0	0	660	0
湖北	0	0	0	0	0	0	0	0	0	0
湖南	0	0	0	0	0	0	0	0	0	0
广东	0	0	0	11	4100	500	0	20	500	0
广西	0	0	0	0	2000	3750	11	270	230	0
海南	0	0	0	0	0	0	0	0	0	0
重庆	0	0	0	0	26000	0	0	0	2400	0
四川	0	0	0	0	0	0	0	0	0	0
贵州	0	0	0	0	0	0	5	0	0	2
云南	17	270	21	1	10016	375	3	0	1765	14
西藏	0	0	0	0	0	0	0	0	0	0
陕西	3	3100	10	0	0	0	0	0	0	0
甘肃	10	30000	800	0	579	5580	9	0	245	0
青海	1	3	1800	6	150	173	0	0	0	0
宁夏	2	240	2	0	0	0	0	0	0	0
新疆	0	0	0	0	0	0	0	0	780	0
新疆建设兵团	0	0	0	0	2458	0	0	0	40	0

9－4 续表 2

地 区	主办科技期刊					
	种 类(种)	总印数(册)	发表论文(册)	#学术期刊		
				种类(种)	总印数(册)	发表论文(册)
合 计	**45**	**6675400**	**2809**	**8**	**94814**	**921**
北 京	1	24000	0	0	0	0
天 津	0	0	0	0	0	0
河 北	1	12000	20	1	0	0
山 西	2	192000	1600	0	0	0
内蒙古	0	0	0	0	0	0
辽 宁	0	0	0	0	0	0
吉 林	1	15000	100	0	0	0
黑龙江	0	0	0	0	0	0
上 海	0	0	0	0	0	0
江 苏	2	2400000	0	0	0	0
浙 江	3	775200	180	1	7200	180
安 徽	1	6000	120	0	0	0
福 建	4	220200	720	2	69600	720
江 西	2	30000	50	1	14	5
山 东	0	0	11	0	0	8
河 南	3	1500000	0	0	0	0
湖 北	10	137100	0	0	0	0
湖 南	0	0	0	0	0	0
广 东	0	0	0	0	0	0
广 西	1	1315000	3	0	0	3
海 南	0	0	0	0	0	0
重 庆	0	0	0	0	0	0
四 川	0	0	0	0	0	0
贵 州	1	26500	0	0	0	0
云 南	0	0	0	0	0	0
西 藏	0	0	0	0	0	0
陕 西	0	0	0	0	0	0
甘 肃	0	0	5	0	0	5
青 海	1	2000	0	0	0	0
宁 夏	11	18000	0	3	18000	0
新 疆	1	2400	0	0	0	0
新疆建设兵团	0	0	0	0	0	0

9－4 续表 3

地区	编著科技图书		主办科技报纸		编辑论文集		
	种类(种)	总印数(册)	种类(种)	总印数(千份)	种类(种)	总印数(册)	发表论文(篇)
合计	**61**	**574896**	**29**	**132022**	**54**	**32500**	**4752**
北京	1	1000	1	600	0	0	0
天津	0	0	0	0	1	2000	731
河北	0	0	1	13195	0	0	0
山西	3	15000	2	5300	0	0	0
内蒙古	0	0	1	2880	6	6000	600
辽宁	2	5000	0	0	2	800	39
吉林	0	0	1	15	0	0	0
黑龙江	0	0	1	2825	1	1000	103
上海	0	0	2	6996	2	600	110
江苏	2	50000	1	2300	0	0	0
浙江	0	0	0	0	0	0	0
安徽	0	0	1	3000	29	2900	2031
福建	15	195000	1	2040	2	700	172
江西	0	0	0	0	0	0	0
山东	0	0	1	250	0	0	0
河南	2	15000	1	18430	0	0	0
湖北	2	8500	1	1440	0	0	0
湖南	0	0	1	160	1	600	83
广东	0	0	1	3500	2	15000	25
广西	2	5000	2	21000	1	300	32
海南	0	0	0	0	0	0	0
重庆	0	0	3	42240	0	0	0
四川	28	247396	1	230	1	300	56
贵州	0	0	1	146	0	0	0
云南	0	0	0	0	4	800	500
西藏	0	0	0	0	0	0	0
陕西	1	2000	1	2400	0	0	0
甘肃	0	0	1	3000	1	500	20
青海	0	0	2	66	0	0	0
宁夏	2	30000	1	10	0	0	0
新疆	0	0	0	0	1	1000	250
新疆建设兵团	1	1000	0	0	0	0	0

9－5 各副省级城市科协、省会城市科协科普资源建设及科技传媒

城　市	科普读物(种)	#科普图书(种)	#科普挂图(种)	#科普期刊(种)	科普读物总印数(册/幅)	#科普图书(册)	#科普挂图(幅)	#科普期刊(册)	制作科普广播影视节目(分钟)	#科普广播节目
合　计	**335**	**68**	**201**	**48**	**1323950**	**381000**	**311350**	**540100**	**16620**	**9207**
副省级城市小计	**237**	**30**	**159**	**42**	**729350**	**202000**	**180750**	**346600**	**13475**	**8122**
宁　波*	5	2	1	2	335000	70000	25000	240000	720	720
厦　门*	1	0	0	1	8300	0	0	8300	0	0
深　圳*	0	0	0	0	0	0	0	0	0	0
青　岛*	5	0	2	3	13800	0	8000	5800	60	0
大　连*	19	2	5	12	22000	1000	15000	6000	0	0
省会城市小计	**305**	**64**	**193**	**30**	**944850**	**310000**	**263350**	**280000**	**15840**	**8487**
石家庄	1	1	0	0	3000	3000	0	0	0	0
太　原	1	0	0	1	36000	0	0	36000	780	0
呼和浩特	0	0	0	0	0	0	0	0	0	0
沈　阳*	13	10	2	1	70000	60000	4000	6000	430	0
长　春*	124	4	120	0	23000	3000	20000	0	7000	7000
哈尔滨*	0	0	0	0	0	0	0	0	200	0
南　京*	27	5	15	1	45000	25000	10500	9500	550	400
杭　州*	8	3	5	0	106200	23000	83200	0	4510	0
合　肥	11	7	4	0	29000	21000	8000	0	0	0
福　州	4	4	0	0	50000	50000	0	0	0	0
南　昌	2	2	0	0	10000	10000	0	0	15	15
济　南*	7	0	3	4	6000	0	5000	1000	5	2
郑　州	16	0	9	0	120000	0	100000	0	490	490
武　汉*	5	4	1	0	30000	20000	10000	0	0	0
长　沙	5	4	1	0	10100	10000	100	0	60	60
广　州*	5	0	5	0	50	0	50	0	0	0
南　宁	0	0	0	0	0	0	0	0	0	0
海　口	35	15	20	0	60000	50000	10000	0	0	0
成　都*	0	0	0	0	0	0	0	0	0	0
贵　阳	1	0	0	1	3500	0	0	3500	240	0
昆　明	4	1	1	1	100000	10000	500	48000	520	520
拉　萨	2	2	0	0	15000	15000	0	0	0	0
西　安*	18	0	0	18	70000	0	0	70000	0	0
兰　州	4	0	0	0	30000	0	0	0	0	0
西　宁	2	2	0	0	10000	10000	0	0	780	0
银　川	9	0	7	2	88000	0	12000	76000	60	0
乌鲁木齐	1	0	0	1	30000	0	0	30000	200	0

注：城市名称后带“*”的为副省级城市，包括省会城市中带“*”的。

9-5 续表

城　市	开发、制作科普展览(个)	展览面积(平方米)	开发、制作科普展品(件)	科普活动资源包(个)	数字化科普资源(MB)	#科普图片、挂图(幅)	#专题科普展览(个)	#科普动漫作品(个)	#科普音像制品(分钟)	#科普研究文献(篇)	编著科技图书(种)	总印数(册)
合　计	**39**	**19750**	**327**	**20**	**14873**	**375**	**12**	**224**	**3007**	**16**	**30**	**421400**
副省级城市小计	**28**	**19500**	**167**	**10**	**13893**	**371**	**12**	**24**	**2897**	**16**	**13**	**248000**
宁　波*	1	4000	2	1	11410	21	1	2	2	0	0	0
厦　门*	0	0	0	0	0	0	0	0	0	0	0	0
深　圳*	0	0	0	0	0	0	0	0	0	0	1	200000
青　岛*	2	200	2	0	0	0	0	0	0	0	0	0
大　连*	0	0	0	0	0	0	0	0	0	0	4	20000
省会城市小计	**36**	**15550**	**323**	**19**	**3463**	**354**	**11**	**222**	**3005**	**16**	**25**	**201400**
石家庄	0	0	0	0	0	0	0	0	0	0	1	3000
太　原	0	0	0	0	0	0	0	0	0	0	0	0
呼和浩特	0	0	0	0	0	0	0	0	0	0	0	0
沈　阳*	0	0	0	0	0	0	0	0	0	0	0	0
长　春*	0	0	0	0	0	0	0	0	0	0	1	3000
哈尔滨*	0	0	0	0	500	0	0	0	200	0	1	500
南　京*	7	2200	145	7	375	350	5	11	400	11	5	21500
杭　州*	15	13000	15	2	98	0	6	1	1080	5	1	3000
合　肥	0	0	0	6	0	0	0	0	0	0	0	0
福　州	1	200	150	0	0	0	0	0	0	0	4	50000
南　昌	0	0	0	0	0	0	0	0	0	0	0	0
济　南*	3	100	3	0	1500	0	0	0	75	0	0	0
郑　州	10	50	10	4	0	0	0	0	0	0	0	0
武　汉*	0	0	0	0	0	0	0	0	1140	0	0	0
长　沙	0	0	0	0	280	4	0	200	30	0	4	50000
广　州*	0	0	0	0	10	0	0	10	0	0	0	0
南　宁	0	0	0	0	0	0	0	0	0	0	1	400
海　口	0	0	0	0	0	0	0	0	0	0	0	0
成　都*	0	0	0	0	0	0	0	0	0	0	0	0
贵　阳	0	0	0	0	0	0	0	0	0	0	0	0
昆　明	0	0	0	0	700	0	0	0	80	0	0	0
拉　萨	0	0	0	0	0	0	0	0	0	0	0	0
西　安*	0	0	0	0	0	0	0	0	0	0	0	0
兰　州	0	0	0	0	0	0	0	0	0	0	0	0
西　宁	0	0	0	0	0	0	0	0	0	0	0	0
银　川	0	0	0	0	0	0	0	0	0	0	7	70000
乌鲁木齐	0	0	0	0	0	0	0	0	0	0	0	0

9-6 各地区地级科协科普资源建设及科技传媒

地区	科普读物(种)	#科普图书(种)	#科普挂图(种)	#科普期刊(种)	科普读物总印数(册/幅)	#科普图书(册)	#科普挂图(幅)	#科普期刊(册)	制作科普广播影视节目(分钟)	#科普广播节目
合计	**1485**	**325**	**817**	**219**	**5621405**	**2146515**	**752655**	**1557451**	**134755**	**64012**
北京	29	6	18	2	270821	51000	6621	81200	430	200
天津	41	16	23	2	148753	135800	10503	2450	4120	3400
河北	26	13	12	1	82000	40000	30000	12000	60	60
山西	134	17	62	30	358500	18500	11600	205500	20730	13560
内蒙古	77	4	48	3	84002	36000	3102	25000	920	870
辽宁	174	27	129	18	131450	30680	87940	12830	48875	15737
吉林	3	1	2	0	720	700	20	0	0	0
黑龙江	8	8	0	0	15000	15000	0	0	20	20
上海	57	17	25	15	610495	549000	39325	22170	1680	740
江苏	45	24	15	5	244000	167800	14200	57000	6730	0
浙江	67	14	23	10	812114	386500	17164	72200	2892	780
安徽	33	7	25	1	29170	20600	2570	4000	3540	2430
福建	9	4	3	2	55800	21000	1200	33600	180	0
江西	45	7	18	7	57800	14000	11000	30800	0	0
山东	61	27	27	7	305780	173150	99430	33200	454	236·
河南	220	4	202	14	122800	20000	88800	14000	6220	2700
湖北	32	8	12	12	223200	24000	83200	116000	2340	2340
湖南	27	15	1	11	170300	120000	5000	45300	30	0
广东	35	7	23	2	308550	97000	127250	4300	4885	1845
广西	22	7	0	2	61800	12800	0	36000	120	0
海南	2	0	0	2	3600	0	0	3600	0	0
重庆	12	1	0	11	10000	3000	0	7000	720	240
四川	2	1	0	1	22800	20000	0	2800	110	0
贵州	2	1	0	1	6000	2000	0	4000	0	0
云南	32	17	0	12	169620	70626	0	50500	1374	54
西藏	17	9	7	1	9600	7800	1200	600	0	0
陕西	53	4	44	2	73000	7000	48000	8000	7455	7360
甘肃	92	29	41	12	616800	8559	60500	154501	12780	5830
青海	25	19	5	1	14000	10500	2500	1000	1015	0
宁夏	4	0	0	4	205000	0	0	205000	1320	1320
新疆	69	7	51	3	147030	80000	1030	66000	1625	840
新疆建设兵团	30	4	1	25	250900	3500	500	246900	4130	3450

9-6 续表

地 区	开发、制作科普展览(个)	展览面积(平方米)	开发、制作科普展品(件)	科普活动资源包(个)	数字化科普资源(MB)	#科普图片、挂图(幅)	#专题科普展览(个)	#科普动漫作品(个)	#科普音像制品(分钟)	#科普研究文献(篇)	编著科技图书(种)	总印数(册)
合 计	**1099**	**63085**	**7666**	**435**	**141994**	**6581**	**203**	**876**	**8506**	**74**	**135**	**717710**
北 京	2	400	40	0	10068	0	0	9	4400	0	0	0
天 津	18	3786	1158	6	3048	56	6	2	120	1	1	300
河 北	0	0	0	5	200	0	5	0	0	0	3	30000
山 西	72	2400	819	0	287	45	12	1	160	10	13	31000
内蒙古	0	0	0	0	0	0	0	0	0	0	4	35300
辽 宁	304	6639	2575	8	0	0	0	0	0	0	30	26380
吉 林	61	104	551	1	1	100	3	0	0	0	0	0
黑龙江	0	0	0	0	0	0	0	0	0	0	4	8000
上 海	30	9458	407	331	61381	2230	8	513	1020	0	5	42000
江 苏	79	5340	390	1	32000	190	2	0	500	12	7	25000
浙 江	8	1600	140	18	875	350	0	41	1090	0	3	150000
安 徽	8	2170	136	10	200	55	24	0	0	0	2	24230
福 建	0	0	0	0	5000	2200	11	255	50	13	4	21000
江 西	1	120	150	0	0	0	0	0	0	0	2	2000
山 东	44	3685	49	4	45	300	2	2	190	0	4	53000
河 南	14	860	43	6	0	0	0	0	0	0	1	7000
湖 北	28	7400	197	3	0	0	0	0	0	0	8	62000
湖 南	3	2350	86	0	0	0	0	0	0	0	9	50000
广 东	10	6600	165	0	10002	490	4	53	250	0	3	18200
广 西	1	100	10	0	0	0	0	0	0	0	0	0
海 南	0	0	0	0	0	0	0	0	0	0	0	0
重 庆	24	280	64	1	968	30	30	0	0	0	3	3500
四 川	1	28	1	0	0	0	0	0	0	0	1	1400
贵 州	0	0	0	0	0	0	0	0	0	0	0	0
云 南	0	0	0	0	2140	425	4	0	480	0	0	0
西 藏	0	0	0	0	0	0	0	0	0	0	0	0
陕 西	1	200	1	0	0	0	0	0	0	0	8	28000
甘 肃	370	8753	609	3	737	110	7	0	72	38	18	78400
青 海	0	0	0	0	0	0	0	0	0	0	0	0
宁 夏	1	250	56	0	0	0	0	0	0	0	0	0
新 疆	0	0	0	38	2754	0	85	0	10	0	1	1000
新疆建设兵团	19	562	19	0	12288	0	0	0	164	0	1	20000

9－7　各地区县级科协科普资源建设及科技传媒

地　区	科普读物(种)	#科普图书(种)	#科普挂图(种)	#科普期刊(种)	科普读物总印数(册/幅)	#科普图书(册)	#科普挂图(幅)	#科普期刊(册)	制作科普广播影视节目(分钟)	#科普广播节目
合　计	**9738**	**1873**	**6040**	**708**	**11732714**	**5712147**	**2395707**	**2151257**	**522021**	**281611**
北　京	0	0	0	0	0	0	0	0	0	0
天　津	0	0	0	0	0	0	0	0	0	0
河　北	211	43	116	43	305044	168616	30144	28134	3329	1653
山　西	932	153	655	63	402656	196034	69977	98435	41365	34879
内蒙古	627	118	287	39	619320	389786	40433	36700	27958	15816
辽　宁	277	55	184	30	366967	138330	106240	109772	44210	16252
吉　林	164	86	19	12	134668	104970	19018	10500	2917	1347
黑龙江	435	103	310	15	130238	70630	25870	18218	10930	8090
上　海	15	4	0	6	120000	70000	30000	20000	1564	0
江　苏	343	67	247	29	454190	142300	73480	229350	20859	8330
浙　江	824	166	255	39	2485279	1310720	292824	396820	29268	18826
安　徽	435	32	367	15	97311	46357	16868	21652	20552	5939
福　建	132	33	90	9	295576	167561	38165	89850	73043	38955
江　西	283	28	229	23	98594	49156	6673	32749	9304	4544
山　东	376	118	7	44	906824	362237	292278	178540	6006	2126
河　南	276	5	171	2	396912	21800	235112	108000	10423	7534
湖　北	627	264	277	81	1001018	439789	308400	217148	16552	7457
湖　南	1191	169	910	111	824979	518600	129079	172800	15149	7988
广　东	420	76	307	29	834921	418900	83239	175292	11117	8302
广　西	375	56	302	15	104134	95000	2228	6354	4490	2937
海　南	148	80	68	0	156412	148356	8056	0	17900	3000
重　庆	4	1	1	1	67200	40000	7200	20000	500	280
四　川	13	0	0	0	7310	0	7310	0	1605	850
贵　州	91	5	83	2	83802	9200	71502	1100	35	15
云　南	124	36	68	1	457998	277006	24792	4500	3416	2630
西　藏	0	0	0	0	0	0	0	0	0	0
陕　西	533	93	402	36	402120	203440	55898	45663	29115	11658
甘　肃	423	18	362	19	467150	3709	334430	24030	26337	14343
青　海	73	11	54	8	29550	19600	6350	3600	1560	1520
宁　夏	134	0	92	15	124700	0	52200	72500	6600	1780
新　疆	252	53	177	21	357841	300050	27941	29550	85917	54560

9－7　续表

地　区	开发、制作科普展览(个)	展览面积(平方米)	开发、制作科普展品(件)	科普活动资源包(个)	数字化科普资源(MB)	#科普图片、挂图(幅)	#专题科普展览(个)	#科普动漫作品(个)	#科普音像制品(分钟)	#科普研究文献(篇)	编著科技图书(种)	总印数(册)
合　计	**4958**	**180555**	**78749**	**2684**	**60509**	**18954**	**869**	**351**	**16656**	**1517**	**330**	**1514034**
北　京	0	0	0	0	0	0	0	0	0	0	0	0
天　津	0	0	0	0	0	0	0	0	0	0	0	0
河　北	69	4305	445	3	8	110	32	6	35	0	6	43800
山　西	395	17655	1199	655	2006	335	24	6	56	4	24	28450
内蒙古	412	3279	1335	75	263	2385	20	0	250	2	27	94200
辽　宁	338	7225	2813	95	562	575	3	2	2	36	22	13920
吉　林	62	5790	2417	8	315	50	0	0	330	2	1	10000
黑龙江	16	3170	217	15	3344	3770	14	4	656	87	2	20000
上　海	2	500	110	10	0	0	0	0	0	0	3	120000
江　苏	515	13751	1263	44	1153	288	5	55	440	2	6	21500
浙　江	225	16601	370	36	22384	2084	22	14	6982	58	13	87000
安　徽	137	3859	408	5	0	0	4	0	0	0	0	0
福　建	26	4615	1238	6	1247	0	0	3	300	3	36	176900
江　西	70	1459	349	264	40	26	3	0	0	0	4	9000
山　东	690	22880	1936	10	5567	332	53	4	320	0	27	93714
河　南	204	8132	1458	0	0	0	0	0	0	0	0	0
湖　北	397	22741	2269	12	2169	2450	45	2	300	1203	15	219300
湖　南	380	13590	849	82	2967	870	371	52	770	52	39	255550
广　东	100	4338	1398	1210	12140	3916	51	95	1887	5	27	92600
广　西	45	1822	312	20	1	130	3	0	750	0	15	52000
海　南	3	420	336	0	501	260	50	0	0	0	8	23000
重　庆	23	307	101	3	0	0	0	0	0	0	1	2000
四　川	5	540	277	0	0	0	0	0	0	0	5	18400
贵　州	10	390	72	52	4	0	0	0	0	0	1	6500
云　南	16	2166	670	6	3	25	0	0	0	2	4	9000
西　藏	0	0	0	0	0	0	0	0	0	0	0	0
陕　西	548	12069	1868	23	4710	458	46	23	82	7	27	61500
甘　肃	128	3110	1186	8	882	118	42	0	2022	37	6	3200
青　海	0	0	0	0	0	0	0	0	0	0	1	2000
宁　夏	115	2326	52075	36	1	2	1	0	30	1	2	4000
新　疆	27	3515	1778	6	242	770	80	85	1444	16	8	46500

9-8 各地区省级学会科普资源建设及科技传媒

地区	主办科技期刊			学术期刊			科普期刊		
	种类(种)	总印数(册)	发表论文(篇)	种类(种)	总印数(册)	发表论文(篇)	种类(种)	总印数(册)	发表论文(篇)
合计	**1104**	**24841781**	**220638**	**682**	**12783884**	**158264**	**136**	**7703297**	**17799**
北京	41	938054	5402	26	472630	4413	4	273000	0
天津	44	1044916	10426	24	314120	8424	7	380848	535
河北	35	340760	12947	31	305720	12524	3	34240	370
山西	63	1655914	33315	40	653208	25294	10	497706	6047
内蒙古	4	47600	976	2	10100	838	0	0	0
辽宁	62	529959	7348	34	312825	5688	9	23004	187
吉林	31	360312	4766	15	55312	2776	9	222000	858
黑龙江	30	84800	2826	25	56600	1468	1	1000	200
上海	74	2688880	14627	49	687054	10242	9	1595825	2420
江苏	34	472400	5439	18	297700	3181	4	34900	500
浙江	48	1518030	6624	23	635900	4378	10	707650	463
安徽	40	453328	7798	29	260500	6991	5	99800	207
福建	64	4914266	12905	48	4651266	10718	9	183000	1110
江西	31	531541	5025	21	358601	3776	4	75220	38
山东	47	471009	11495	17	165998	3940	6	78731	1813
河南	14	146100	1395	7	41100	680	1	48000	0
湖北	42	1138380	8682	25	376580	4739	8	660200	1408
湖南	44	2045719	11593	30	857713	10162	8	1130600	446
广东	56	2075147	9152	32	413934	6338	8	1434601	309
广西	26	380900	5034	17	164900	2785	3	6000	67
海南	19	40600	804	8	17900	513	0	0	0
重庆	33	585969	5166	25	425570	4280	3	76010	255
四川	27	748840	7656	23	633040	6989	0	0	0
贵州	29	169820	4300	15	62500	2980	2	18400	10
云南	29	399800	7633	15	128300	2510	1	12000	42
西藏	7	42400	206	4	8300	198	1	4000	8
陕西	48	452228	8457	29	200004	6167	2	50012	146
甘肃	19	82950	1121	13	42200	722	3	2750	0
青海	19	122300	2735	12	65500	2059	4	40800	240
宁夏	13	91205	1234	5	25405	428	1	4000	30
新疆	31	267654	3551	20	83404	2063	1	9000	90

9-8 续表 1

地 区	技术期刊			检索期刊			主办科技报纸	
	种 类 (种)	总印数 (册)	发表论文 (篇)	种 类 (种)	总印数 (册)	发表论文 (篇)	种 类 (种)	总印数 (千份)
合 计	**219**	**3465057**	**35743**	**6**	**205770**	**279**	**67**	**17820**
北 京	9	177700	979	0	0	0	1	40
天 津	13	349948	1467	0	0	0	1	8
河 北	1	800	51	0	0	0	4	9
山 西	10	305000	1774	3	200000	200	8	376
内蒙古	2	37500	138	0	0	0	0	0
辽 宁	17	184000	1042	0	0	0	1	100
吉 林	7	83000	886	0	0	0	3	61
黑龙江	4	27200	1158	0	0	0	1	3
上 海	13	357801	1642	1	200	3	3	37
江 苏	10	113400	1688	0	0	0	3	2686
浙 江	13	113480	1358	0	0	0	1	7280
安 徽	5	57028	480	0	0	0	1	4
福 建	6	77000	1077	0	0	0	2	4841
江 西	6	97720	1211	0	0	0	5	89
山 东	8	178680	5369	1	4770	68	1	50
河 南	4	41000	715	0	0	0	2	156
湖 北	7	47000	1815	0	0	0	0	0
湖 南	6	57406	985	0	0	0	0	0
广 东	16	226612	2505	0	0	0	1	150
广 西	6	210000	2182	0	0	0	3	652
海 南	2	15500	128	1	800	8	2	9
重 庆	3	36400	403	0	0	0	3	21
四 川	4	115800	667	0	0	0	1	12
贵 州	11	88420	966	0	0	0	6	386
云 南	8	92900	1105	0	0	0	0	0
西 藏	0	0	0	0	0	0	0	0
陕 西	13	125212	1793	0	0	0	5	39
甘 肃	2	26000	313	0	0	0	2	0
青 海	3	16000	436	0	0	0	1	40
宁 夏	4	46800	722	0	0	0	3	11
新 疆	6	159750	688	0	0	0	3	761

9－8 续表 2

地 区	编著科技图书		科普图书		开发科普挂图(种)	科普挂图总印数(张)	编辑论文集		
	种 类(种)	总印数(册)	种 类(种)	总印数(册)			种 类(种)	总印数(册)	发表论文(篇)
合 计	**757**	**5795957**	**443**	**4235313**	**319**	**5968624**	**2310**	**775827**	**176157**
北 京	37	289000	17	244500	69	8994	201	53544	6765
天 津	17	71100	8	31500	0	0	41	19457	4096
河 北	45	173200	28	102600	3	7050	64	14600	7796
山 西	25	89300	16	72800	1	5000	30	63048	2474
内蒙古	0	0	0	0	0	0	3	3700	94
辽 宁	26	126017	23	27017	6	565	82	87024	7217
吉 林	7	32000	6	29000	1	5000	65	15881	11245
黑龙江	7	19000	0	0	0	0	7	2732	679
上 海	117	864300	99	808300	7	80000	99	42228	6239
江 苏	16	132700	11	103500	5	15000	202	46145	17552
浙 江	20	142500	11	122000	16	2288150	223	66156	27828
安 徽	33	825400	23	801000	15	750800	66	16860	2664
福 建	23	168350	14	112350	38	87000	199	56932	7640
江 西	10	52200	5	24000	11	82006	57	14728	6808
山 东	20	198352	9	43352	13	233200	168	25819	13718
河 南	1	1000	0	0	5	143210	17	7500	1020
湖 北	8	30501	5	12500	11	148	41	16730	3344
湖 南	87	491538	15	74001	6	8045	223	49201	8915
广 东	30	497712	21	461712	17	1430026	146	31897	8679
广 西	42	508800	30	428800	11	60000	69	24260	4034
海 南	0	0	0	0	0	46500	9	2980	765
重 庆	44	225300	19	153000	6	36528	90	30414	7994
四 川	8	19000	2	8000	0	0	33	13350	2560
贵 州	16	149305	8	4880	5	180	21	6552	1514
云 南	11	30500	3	8500	17	43460	36	22036	5689
西 藏	2	6000	2	6000	17	505078	0	0	0
陕 西	34	61802	15	36001	26	15254	62	19991	4528
甘 肃	41	468580	30	421500	6	115000	19	4865	2005
青 海	12	11000	11	10500	4	100	6	2480	523
宁 夏	7	64000	3	44000	0	30	6	9080	255
新 疆	11	47500	9	44000	3	2300	25	5637	1517

9-8 续表 3

地区	制作科技光盘		公开出版发行		制作科技广播、影视节目		科普动漫作品(个)	动漫播放时间(分钟)	主办科技网站	
	种类(种)	总印数(张)	种类(种)	总印数(张)	种类(套)	播放时间(分钟)			个数(个)	浏览人数(人次)
合计	**343**	**518214**	**22**	**297860**	**431**	**32149**	**46**	**1012**	**452**	**59894091**
北京	27	26936	4	21160	12	16305	20	291	36	8847075
天津	20	251510	3	241000	25	78	0	0	21	11845968
河北	36	1200	0	0	35	2100	0	0	11	789092
山西	10	18280	0	0	4	60	1	30	11	446900
内蒙古	0	0	0	0	0	0	0	0	1	22000
辽宁	9	1561	1	700	63	1850	0	0	20	1147986
吉林	4	5000	0	0	0	0	0	0	7	167400
黑龙江	1	3000	1	3000	5	200	0	0	6	151000
上海	30	11910	1	500	3	90	0	0	49	14577706
江苏	11	5000	2	2200	50	540	1	10	22	1101467
浙江	7	1720	0	0	6	1155	0	0	22	3595303
安徽	6	6201	2	3500	6	150	0	0	12	1716872
福建	8	4410	1	500	38	1301	13	332	40	2582670
江西	14	1890	0	0	20	910	1	49	13	303870
山东	20	14480	1	8600	9	380	0	0	15	253487
河南	2	3000	0	0	0	0	0	0	5	180450
湖北	5	31450	1	1000	2	1200	0	0	17	400930
湖南	29	23902	1	250	5	1504	2	200	25	620574
广东	4	46360	0	0	6	70	6	30	17	1288921
广西	2	1330	0	0	11	110	0	0	13	338215
海南	2	406	0	0	0	0	0	0	0	0
重庆	41	2571	0	0	64	458	0	0	22	2196772
四川	1	500	0	0	0	0	0	0	11	5320274
贵州	6	950	0	0	4	210	0	0	4	14212
云南	12	5599	2	3450	4	210	1	60	11	385773
西藏	4	1320	0	0	1	180	0	0	0	0
陕西	5	10336	1	10000	8	155	1	10	19	418382
甘肃	6	3180	0	0	5	105	0	0	3	120575
青海	1	280	0	0	2	2380	0	0	6	148002
宁夏	0	0	0	0	3	18	0	0	1	3661
新疆	20	33932	1	2000	40	430	0	0	12	908554

十、中国科协2009年度事业发展统计公报

中国科协 2009 年度事业发展统计公报

2010 年 6 月

2009 年，在党中央、国务院的正确领导下，各级科协及所属团体全面贯彻党的十七大和十七届三中、四中全会精神，高举中国特色社会主义伟大旗帜，以科学发展观为统领，认真学习和贯彻落实胡锦涛总书记在纪念中国科协成立 50 周年大会上的重要讲话和中央书记处关于科协工作的指示精神，按照七届四次全委会议工作部署，坚持“三服务一加强”的工作定位：为经济社会发展服务、为提高全民科学素质服务、为科技工作者服务、切实加强自身建设，围绕中心、服务大局，经过各级科协、学会的共同努力，各项工作取得新的进展。

一、组织、机构与人员

截止 2009 年底，各级科协及两级学会实有机构共计 7091 个，比上年增加 4 个。各级科协实有机构 3159 个，比上年增加 5 个。两级学会实有机构 3932 个，比上年减少 1 个。其中，中国科协所属全国学会 175 个，增加 9 个；各省级科协所属省级学会 3740 个，减少 5 个。

各级科协和两级学会从业人员共计 53919 人，比上年增加 3395 人。各级科协从业人员 37349 人，增加 1256 人，其中，省、地两级科协分别增加 381 人和 782 人。两级学会从业人员 16570 人，增加 2139 人，其中，全国学会增加 66 人，省级学会增加 2073 人。

两级学会个人会员 997.4 万人，比上年增加 90.4 万人。其中，全国学会个人会员 414.4 万人，增加 8.4 万人；省级学会个人会员 583 万人，增加 82 万人。

两级学会团体会员 23.2 万个，比上年增加 0.3 万个。其中，全国学会团体会员 6.7 万个，增加 0.3 万个。

省级科协、副省级城市科协、省会城市科协、地级科协和县级科协联系的企业科协组织 16039 个，比上年增加 2432 个，加入企业科协组织的个人会员 289 万人，增加 27 万人；大专院校科协组织 698 个，比上年增加 109 个，加入大专院校科协组织的个人会员 45 万人，增加 3 万人。

地、县两级科协指导的街道科普协会 9544 个，比上年增加 855 个；乡镇科普协会 31659 个，比上年增加 1014 个。

副省级城市科协、省会城市科协、地级科协和县级科协农村专业技术协会 100980 个，比上年增加 2460 个，加入专业技术协会的个人会员 1147 万人，增加 30 万人。

二、经费筹集与使用

各级科协及两级学会全年经费筹集总额 73.13 亿元。各级科协经费筹集总额 52.42 亿元，占筹集总额的 71.7%。两级学会经费筹集总额 20.71 亿元，占经费筹集总额的 28.3%。

各级科协及两级学会全年经费使用总额 72.07 亿元。各级科协经费使用总额 54.04 亿元，占使用总额的 75%。两级学会经费使用总额 18.03 亿元，占使用总额的 25%。

三、科普惠农兴村计划

2009年，中央财政投入奖补资金2亿元，地方财政投入奖补资金1.25亿元。中央财政和地方财政投入奖补资金总额3.25亿元，比上年增长41.3%。

各级科协表彰奖励作出突出贡献的农村基层科普组织和个人共11100个（人）。其中，农村专业技术协会2961个，农村科普示范基地2542个，农村科普带头人4792人，少数民族科普工作队123个。

四、学术交流

各级科协及两级学会全年举办学术交流活动3万次，参加人数达455万人次，学术交流活动中交流论文共86万篇。

各级科协全年举办学术交流活动1.4万次，参加人数230万人次，交流论文共2.5万篇。

两级学会全年举办学术交流活动1.6万次，参加人数225万人次，交流论文共83.5万篇。

全国学会全年举办学术交流活动4117次，参加人数76万人次。其中，国内学术会议3579次，参加人数61.6万人次；国际学术会议406次，参加人数12.8万人次；双边学术会议58次，参加人数0.67万人次；同港澳台地区学术会议74次，参加人数0.83万人次。交流论文共45.6万篇。

中国科协2009年学术年会参加人数0.27万人次，交流论文1852篇。

五、科学技术普及

各级科协及两级学会全年共举办科普讲座15.1万次，受众人数7730万人次；科普展览6.9万次，受众人数1.4亿人次。

各级科协及两级学会全年发放宣传资料1.8亿份，增长0.7%;播放科普广播、影视节目6.3万小时，增长1倍。

各级科协开展科技咨询27万次，增长6.2%;实用技术培训人数3461万人次，增长14%;推广新技术、新品种3.8万项，增长6.4%。

参加全国科普日、科技周、科技下乡、科教进社区等科普活动的科协、学会工作人员，志愿者、专家和科技专业人员，全年共161万人次，比上年增长5.3%。

各级科协全年共举办青少年科普讲座（报告）2.1万次，受众人数1584万人次；举办青少年科普展览1.4万次，受众人数2153万人次。

各级科协及两级学会举办青少年科技竞赛1.1万次，参加人数3129万人次。其中，各级科协参加青少年科技创新大赛3735次，参赛人数1390万人次，获奖人数26.2万人次。举办青少年科技夏冬令营2754次，参加人数58万人次。

各级科协及全国学会组织青少年参加国际竞赛244次，参赛人数1.1万人次，获奖人数2148人次。

各级科协共有青少年科技教育机构1015个，比上年增加108个，从业人员11779人，比上年增加2644人。全年经费使用额2.1亿元，比上年增长3.8%。

六、科普基础设施建设

各级科协建有科技馆（科普活动中心）983个，全年参观人数2112万人次。其中，建筑面积8000平方米以上79个。中国科技馆全年参观人数142万人次；省级科技馆全年参观人数544万人次，平均23.7万人次/个；副省级、省会城市科技馆全年参观人数207万人次，平均13.8万人次/个；地级科技馆（科普活动中心）全年参观人数381万人次，平均2.6万人次/个；县级科普活动中心全年参观人数838万人次，平均1.1

万人次/个。

各级科协建有科普画廊（宣传栏）21.5 万个，比上年增长 20%，全年科普展示单元总长度 214 万米，比上年增长 8.1%。

中国科协配发科普大篷车 270 辆，比上年增长 42.1%；科普大篷车下乡行驶里程 206.9 万公里，比上年增长 1.3 倍。

省、地、县三级科协研制配发的科普放映车、科普宣传车等形式的流动科普设施 204 辆。

基层科协科普员 54.1 万人，比上年增长 20.8%；农村科普示范户 246.2 万户，比上年增长 8.3%。

各级科协命名科普教育基地（示范基地）2.8 万个，比上年增长 13.1%，全年参观人数 1.96 亿人次，比上年增长 48.1%。其中，中国科协命名全国科普教育基地 668 个，全年参观人数 0.17 亿人次；省级科协命名科普教育基地 1390 个，全年参观人数 5706 万人次；地县两级科协命名科普教育基地 2.6 万个，全年参观人数 1.2 亿人次。其中，农村科普示范基地 1.8 万个。

中国科协命名的科普示范县 713 个；省级科协命名的科普示范县 685 个；地级科协命名的科普示范县 617 个。

各级科协及两级学会主办科普网站 2179 个，增长 20.1%，浏览人数 7.7 亿人次，增长 26%。其中，各级科协主办科普网站 1493 个，增长 18%，浏览人数 1.7 亿人次，增长 28.1%。两级学会主办科普网站 686 个，增长 25%，浏览人数 6 亿人次，增长 25.4%。

七、国际及对港、澳、台地区民间科技交流

各级科协及两级学会全年共接待和派往国外及港、澳、台地区团组 6086 个，比上年增长 9.7%；接待和派出人员 53017 人次。

中国科协及全国学会全年接待国外及港、澳、台地区来访科技团组共计 1262 个，比上年增长 14.6%，接待人数 12515 人次。其中，接待国外来访团组 1071 个，增长 9.8%，接待人数 9803 人次；接待港澳地区来访团组 105 个，增长 69.4%，接待人数 1604 人次，增长 85.6%；接待台湾省来访团组 86 个，增长 34.4%，接待人数 1108 人次。

中国科协及全国学会全年派往国外及港、澳、台地区科技团组共计 693 个，比上年增长 23.1%，派出人数 5783 人次，比上年增长 18.1%。其中，派往国外团组 557 个，增长 17.5%，派出人数 3663 人次，增长 0.2%；派往港澳地区团组 44 个，派出人数 401 人次，增长 53.6%；派往台湾省团组 92 个，增长 119%，派出人数 1719 人次，增长 75.6%。

八、科技活动和社会服务

各级科协全年指导 1.8 万个企业开展“讲理想、比贡献”活动，“讲、比”活动立项数 6.5 万项，完成数 4.7 万项，完成数占立项数的 72.3%。参与“讲、比”活动的科技人员 146 万人次。全年完成“金桥工程”项目 8539 项，比上年增长 22.8%。

省、地两级建专家工作站 381 个，进站专家 1873 人次。其中，省、地两级科协牵头或支持在企业建立的企业专家工作站 254 个。

各级科协及两级学会全年完成技术咨询合同 3 万项。其中，各级科协完成技术咨询合同 2.5 万项；两级学会完成技术咨询合同 0.5 万项。

各级科协及两级学会全年反映科技工作者建议 3.4 万条，比上年增长 6.8%。其中，各级科协反映科技工作者建议 2.7 万条，增长 3.4%；两级学会反映科技工作者建议 0.7 万条，增长 21.2%。

各级科协及两级学会全年针对特定群体举办的培训班 5.8 万个，结业人数 732 万人次。其中，各级科协举办培训班 4.6 万个，结业人数 597 万人次；两级学会举办培训班 1.2 万个，结业人数 135 万人次。

各级科协及两级学会全年表彰奖励科技工作者 9.1 万人次。其中，各级科协全年表彰奖励科技工作者 5.1 万人次，两级学会全年表彰奖励科技工作者 4 万人次。

九、科普资源建设及科技传媒

各级科协编创科普读物全年总印数 7456 万册（幅）；开发制作科普展览 6177 个；制作科普活动资源包 3204 个。

各级科协及两级学会制作科普广播影视节目 1.2 万小时；制作科普动漫作品 6136 个。

中国科协、省级科协及两级学会主办科技期刊全年发行量 9070 万册；主办科技报纸全年发行量 15186 万份。

各级科协及两级学会编著科技图书全年发行量 1123 万册。

中国科协及全国学会主办科技期刊全年发行量 5918 万册；主办科技报纸全年发行量 202 万份；编著科技图书全年发行量 221 万册。

注：

1. 各项统计数据均未包括香港特别行政区、澳门特别行政区和台湾省。
2. 本公报中各种范围所表述的含义:
   各级科协：指中国科协、省级科协、地级科协、县级科协。
   两级学会：指全国学会、省级学会。
   全国学会：指中国科协所属全国学会、中国科协委托管理全国学会。
3. 学会、协会、研究会简称学会。
4. 部分数据因四舍五入的原因，存在着与分项合计不等的情况。